"十四五"时期国家重点出版物出版专项规划项目

智慧水利关键技术及应用丛书

宁夏

"互联网+城乡供水" 探索与实践

NINGXIA "HULIANWANG+
CHENGXIANG GONGSHUI"
TANSUO YU SHIJIAN

王忠静　胡孟　王正良 等　著

U0238393

中国水利水电出版社
www.waterpub.com.cn

·北京·

内 容 提 要

本书全面总结了宁夏彭阳"互联网＋城乡供水"经验，融合了宁夏"互联网＋城乡供水"的相关规划、设计与实践，凝练了"互联网＋城乡供水"模式。全书共分3篇12章。第1章"绪论"，介绍了宁夏农村从苦甲天下到喝上幸福水的历程，阐述农村供水是解民忧、惠民生、暖民心的永续事业。第1篇"工程技术篇"概括了宁夏"互联网＋城乡供水"的技术要点，主要读者是从事相关规划设计人员。第2篇"建设运营篇"总结了宁夏"互联网＋城乡供水"的投融资及建设运行管理模式，主要读者是面向建管运维人员。第3篇"保障篇"归纳了宁夏"互联网＋城乡供水"示范省（区）建设中的体制机制创新，主要读者是面向政府相关管理人员。第12章"总结与展望"，从技术赋能、产业实施和保障运行等三方面对全书作出总结，并对"互联网＋城乡供水"在促进城乡融合和推进乡村振兴中的作用和意义作出展望。

本书适用于智慧水利、城乡供水相关的政府管理、规划设计、建管运维等人员，也可供院校相关专业师生参考。

图书在版编目（CIP）数据

宁夏"互联网+城乡供水"探索与实践 / 王忠静等著
. -- 北京：中国水利水电出版社，2023.5
ISBN 978-7-5226-1507-3

Ⅰ．①宁… Ⅱ．①王… Ⅲ．①互联网络－应用－城市供水系统－研究－宁夏 Ⅳ．①TU991

中国国家版本馆CIP数据核字(2023)第080259号

审图号：宁S〔2023〕第 018 号

书　　名	宁夏"互联网＋城乡供水"探索与实践 NINGXIA "HULIANWANG＋CHENGXIANGGONGSHUI" TANSUO YU SHIJIAN
作　　者	王忠静　胡孟　王正良　等 著
出版发行	中国水利水电出版社 （北京市海淀区玉渊潭南路 1 号 D 座　100038） 网址：www.waterpub.com.cn E-mail：sales@mwr.gov.cn 电话：(010) 68545888（营销中心）
经　　售	北京科水图书销售有限公司 电话：(010) 68545874、63202643 全国各地新华书店和相关出版物销售网点
排　　版	中国水利水电出版社微机排版中心
印　　刷	北京印匠彩色印刷有限公司
规　　格	184mm×260mm　16 开本　16.25 印张　266 千字
版　　次	2023 年 5 月第 1 版　2023 年 5 月第 1 次印刷
印　　数	0001—2000 册
定　　价	**128.00 元**

本 书 编 委 会

主　　任：陈明忠　朱　云

委　　员：刘仲民　许德志　张　伟　王岚海

主　　编：王忠静　胡　孟　王正良

参　　编：张震中　张汉松　刘昆鹏　戴向前　李发鹏

　　　　　张贤瑜　苏建华　冯学明　王雪莹　刘　啸

　　　　　李雄鹰　刘鸿轩　张志科　杜　超　刘先进

　　　　　苏振娟　孙　斌　王海峰　陈　霞

组织单位：水利部农村水利水电司

　　　　　宁夏回族自治区水利厅

编制单位：宁夏回族自治区水利厅

　　　　　清华大学

　　　　　水利部发展研究中心

　　　　　中国灌溉排水发展中心

　　　　　宁夏水利水电工程咨询有限公司

宁夏因黄河而兴，却也因缺水而困。西海固地区的贫穷，正是长期受到水资源限制的结果。缺水不缺志，人们对于美好生活的追求从来没有停止。在党中央和国务院的关切下，自20世纪起，井窖工程、改水工程、中南部城乡饮水安全工程等一系列水利工程让"饮水难"成为历史，用上水让西海固人民的生活翻开了新篇章。

在新的时代背景下世界百年未有之大变局加速演进，我国新发展格局正加快构建，经济社会发展不平衡不充分问题仍然突出，人民对美好生活的向往愈发强烈。水利作为经济社会发展不可替代的基础支撑，也亟需改革，进一步实现高质量发展。以宁夏农村供水管网为例，管线旧、跑冒多、出水差，有管无水、供不应求，人民群众的日常生活遭受严重困扰，水利部门工作遇到棘手挑战。

习近平总书记在2016年视察宁夏时作出重要指示："越是欠发达地区，越需要实施创新驱动发展战略"。为践行习近平总书记"节水优先、空间均衡、系统治理、两手发力"的治水思路，贯彻习近平总书记关于网络强国的重要思想，宁夏回族自治区水利厅以数字治水为主题，加速推动全区水利网信事业发展，奋力开创新时代现代水治理发展新局面，成功打造出"互联网＋城乡供水"新模式，取得了显著成效。

宁夏"互联网＋城乡供水"模式的建设，其成功的关键在于以数据技术为核心，实现从水源到水龙头的全时段全过程用水精准监测，通过物联网、云计算实现水资源精准管理、智能调度。用水信息的公开、透明，一改往日粗放化、模糊化的农村供水管理体系，打通民众通往"幸福水"的"最后一公里"。

宁夏"互联网＋城乡供水"是我国在水利信息化改革过程中的重要实践成果，充分展现了数字技术在水资源科学化、精细化管理方面的巨大价值；有效实现了城乡供水的智慧化、普惠化，有效解决了城乡供水的矛盾和不平衡问题，为实现城乡公共服务均等化提供了样板。该项目的成功实践为我国新时期水利高质量发展注入了强劲动力，为实现乡村用水保障、助力乡村振兴、城乡协调发展总结了宝贵经验。在此基础上形成的《宁夏"互联网＋城乡供水"探索与实践》，为进一步推广智慧水利和数字孪生流域建设提供了翔实的可操作性方案。

中　国　工　程　院　院　士
中国农业节水和农业供水技术协会会长

前言

水是生命之源，是人类生存的基本要素。

人类自古逐水而居，伴水而生。今天，水是生产之要、生态之基、生活之本，是不可替代的重要物资资源，深刻影响着经济社会的发展命脉。

宁夏固原，深居内陆，十年九旱。这里的人们经常遭受窖干井枯河断流的困境，饮水长期困难。新中国成立以来，宁夏回族自治区各级党委和政府始终把解决农村饮水安全问题作为大事要事来抓，历经数十载，农村居民的饮水状况不断改善。

2016年，习近平总书记视察宁夏时指出："越是欠发达地区，越需要实施创新驱动发展战略"。宁夏各族人民牢记总书记指示，深刻领会"以互联网为代表的信息技术日新月异，引领了社会生产新变革，创造了人类生活新空间，拓展了国家治理新领域，极大提高了人类认识世界、改造世界的能力"的深刻内涵，抢抓国家"互联网＋"战略机遇，创新实施"互联网＋城乡供水"工程，闯出一条解决农村供水"基层末梢"管理难题的成功路子，让农村群众真正喝上放心水、用上幸福水。

2019年9月，水利部组织全国有关省（自治区、直辖市）的水利厅局长来到宁夏彭阳这个刚刚脱贫摘帽的山区县，现场观摩学习"互联网＋城乡供水"的创新做法和工程实践。随后，各地陆续有数十个代表团赴彭阳学习典型经验。彭阳"互联网＋城乡供水"模式，让彭阳县农村供水实现与城市同源、同网、同质、同价、同服务；农村供水水价从原来的 4.6 元/t 降低到 2.6 元/t，用水户满意度从 65% 提高到 95% 以上，水费收缴率从 60% 提高到 99%，运维收支基本平衡，政府补贴减少近千万元，实现了群众满意、企业满意、政府满意。

2020年9月，水利部和宁夏回族自治区人民政府启动了"互联网＋城乡供水"示范省（区）建设，是落实习近平总书记"努力建设黄河流域生态保护和高质量发展先行区"重要部署的具体行动。以此为契机，宁夏在总结彭阳"互联网＋农村供水"模式的基础上，在全区探索出以规模化、信息化、数字化的水联网智慧水利方式解决农村供水的有效之路，取得了显著成效。

2021年6月，水利部部长李国英明确要求，要认真总结宁夏"互联网＋城乡供水"经验和做法，编制教科书式的总结材料，向全国推广。在水利部农村水利水电司的指导下，宁夏水利厅组织清华大学、中国灌溉排水发展中心、水利部发展研究中心等单位开始编制本书，历经近两年，终于付梓。

全书共分3篇12章。第1章绪论，从宁夏西海固缺水苦甲天下的历史出发，介绍了宁夏农村从喝上水到喝上放心水再到喝上幸福水的历程，阐述农村供水是解民忧、惠民生、暖民心的永续事业。第1篇　宁夏"互联网＋城乡供水"工程技术篇包括4章，概括了宁夏"互联网＋城乡供水"的技术要点，主要读者是面向规划设计人员。第2篇　宁夏"互联网＋城乡供水"建设运营篇包括3章，总结了宁夏"互联网＋城乡供水"的投融资及建设运行管理模式，主要读者是面向建管运维人员。第3篇　宁夏"互联网＋城乡供水"保障篇包括3章，归纳了宁夏"互联网＋城乡供水"示范省（区）建设中的体制机制创新，主要读者是面向政府相关管理人员。第12章总结与展望，从创新技术为城乡供水赋能、城乡供水一体化产业形成和保障城乡供水良好运行等三方面对全书作出总结，对"互联网＋城乡供水"在促进城乡融合和推进乡村振兴中的作用和意义作出展望。

本书编写过程中得到了水利部农村水利水电司、宁夏水利厅以及固原市水务局、彭阳县水务局、隆德县水务局、西吉县水务局等单位的大力支持，长江设计集团有限公司、启迪水联网（银川）科技有限公司、中水北方勘测设计研究有限责任公司、宁夏水利水电咨询公司以及宁夏水务投资集团有限公司等单位也做出了大量投入，在此深表谢意。本书编写过程中引用了大量数据、资料和图片，在此向原作者表示感谢。

本书全面总结了宁夏彭阳"互联网＋城乡供水"经验，融合了《宁夏智慧水利"十三五"规划》《宁夏数字治水"十四五"规划》《宁夏"十四五"城乡供水规划》以及宁夏"互联网＋城乡供水"的规划、设计与实践，凝练了"互联网＋城乡供水"模式，可供政府和有关部门、科研院校、有关企事业单位从事城乡供水工作的相关人员，以及感兴趣的社会公众学习参考。

由于编者水平有限，缺点、遗漏在所难免，希望读者不吝指正。

作　者

2023年4月

目录

第 1 篇

宁夏"互联网＋城乡供水"工程技术篇

第2篇
宁夏"互联网＋城乡供水"建设运营篇

第3篇
宁夏"互联网＋城乡供水"保障篇

第1章

绪 论

1.1 ▶ 西海固——苦甲天下

1.1.1 滴水贵如油

西海固，位于宁夏南部山区，由西吉、海原、固原三县的首字而得名。历史上，西海固曾经水草丰茂，秦朝、隋朝、明朝等均在西海固设有朝廷马场，元朝更是将王朝权力中心安西王府设置在此。

由于明清时期的战争和垦荒，西海固生态环境迅速恶化。进入 20 世纪，西海固已是穷山恶水。20 世纪 30—70 年代，随着西海固人口增加，水土流失进一步加剧，缺水更加严重，饮水困难现象已普遍存在。"滴水贵如油"，成了西海固人挥之不去的梦魇。1972 年，联合国粮食开发署认为西海固是不适宜人类生存的地区之一。1982 年，我国政府将西海固确定为重点扶贫的"三西"（宁夏的西海固和甘肃的河西、定西）地区之一。

"苦瘠甲于天下"的西海固，仅仅是宁夏缺水的缩影。2000 年，宁夏全区还有 300 多万农村人口缺少饮水，占当地农村人口的 75％以上。"一方水土养活不了一方人"是当地真实写照，长期以来，在这块土地上生活的人们温饱问题都无法解决。让全区人民喝上水，是宁夏这个中国水资源最少的省级行政区最重要的任务之一。

1.1.2　肩挑驴驮喊叫水

千沟万壑、山路崎岖，在西海固找水是一个艰难的活。吃水凭天不凭人，往往一眼苦泉就是周围几个村庄的唯一水源。说是泉，渗积一夜，也只有浅浅的一滩，带着苦，杂着土，需澄清了又澄清才能勉强饮用。每日天刚蒙蒙亮，就能看到挑水的人们，磨得通红的双肩，匆匆走着十几里蜿蜒的山路，就是为了在那渗了一晚的一汪泉水中抢到一桶。生活条件好点的，养上一头驴，让这牲口替人扛起水担，承载起生活的重量，给人们换来一丝休息的机会（图 1.1）。

图 1.1　肩挑驴驮取水纪实

在宁夏中卫市中宁县有一个村子，在离村子几里的西北处有一眼泉，但平时只见潮湿不见水。据说需人喊马嘶，泉水才姗姗流出，这也成为这一带村民的生活所依。久而久之，这汪泉水便被称为"喊叫水"了，这个村子也随之成为了喊叫水村，后来成为现在的喊叫水乡。

"喊叫水"承载着人们的期望，喝上水终可以得到自然的响应。"喊叫水"又带着一种残酷，人们对于水的渴望是如此强烈，以至于要不停地喊叫，才能宣泄自己内心的情绪。但为了省下几分气力，这里的人们早已学会了忍耐和顺从，虽然这喊叫是无声的，但却一直回响在人们心头。

1.1.3　不缺山林田草就缺水

地理上，宁夏是一个不缺山林田草的地方。宁夏土壤大部分为普通灰钙土和淡灰钙土，牧草中矿物质含量高；水源含有硫酸盐和碳酸盐成分，水质偏碱性；加上暖温性的干旱气候，为部分作物的种植以及畜牧业的发展提供了一定的自然条件。宁夏枸杞、滩羊、肉牛等特色产业已成为国家地理标志产品。宁夏有发达的林果产业，贺兰山东麓地区被称为是中国的"波尔多"，是世界上最佳酿酒葡萄种植区之一；宁夏的灵武长枣入选中国农业品牌目录，其从唐朝便开始栽种，距今已有 1300 多年的历史。

但在宁夏南部山区，当地群众长期缺少清洁、安全的饮用水，等雨水、拉苦水，严重影响着人们的生存和发展，是西海固人民贫困的根源。西吉、海原、原州、泾源、隆德、彭阳、同心这 7 个曾经的国家级贫困县，也是集中的连片缺水地区。水之于西海固，不只是活着的条件，更是一盏心灯，照进了致富的希望，点燃了奋斗的渴望，让摆脱贫困、走向小康成为可能。

汪家塬是宁夏南部山区吴忠市同心县的一个普通村庄，为取水曾经要走60 多里的山路。这里是中国科学院院士、北京大学副校长张锦教授的家乡，水资源贫乏并没有干涸人们的内心，"知识改变命运"是村中每个家庭坚定的信念，截至目前全村共培养了 13 名博士，26 名硕士。黄天厚土、向水逐梦的宁夏在张锦身上留下了别样的烙印。

宁夏人不缺奋斗、不缺勤劳、不缺山林田草，就缺水。可以说有了水，才能有健康；有了水，才能有发展；有了水，才能有幸福。

1.2 ▶ 喝上水——艰难历程

1.2.1 喊叫水喊窖水

水窖，曾经是西海固地区人民生活条件的保障和象征，家中只要有口水窖，就不愁娶不到媳妇。夏天雨水合适时，一口水窖收集储蓄下的水，便能用很长一段时间。

土法打窖是个技术活，需要在一块相对开阔的地方选出集水方向和储水位置，仔细避开黄土中的断裂缝隙，挖开生土层。窖挖小了，储水少、不够吃；窖挖大了，容易塌、技术要求高。考虑受力因素，要挖成纺锤形才能保证储水后的水窖受压均匀。一般都有专门的手艺人精通打窖，但穷苦人家用不起，只好邻居相互帮忙挖。就算有了土窖，从公路、田地和院落渗进来的水也并不卫生，带着一股子咸腥味；冬天没有水，就得把落雪收集起来夯实成雪块堆到窖中放到来年，那时水早已不新鲜。虽如此，有水喝总比没水强。因此，水窖对饮水难的普通人来说，是奢华的、是奢望的。

在党和国家的关怀和支持下，自 20 世纪 90 年代起，宁夏大力推行扶贫工作，闽宁合作、"井窖工程"、全国妇联"母亲水窖"，落地为一处处的人畜饮水工程，一口口井窖，肩挑驴驮的"喊叫水"困难现象开始逐渐减少。"井窖工程"和"母亲水窖"作为落后地区水利工程扶贫的典型，解决了贫困地区人民"生命水"的基本需求。

1.2.2　喝上卫生的水

从无水到有水，西海固人民终于喝上了水。但水窖工程的水全靠自然环境决定品质，水源保证率低，水质保障程度低，部分地区水中还含有氟、砷等有害物质，会引起牙齿脱落、关节麻木、骨关节变形、体质羸弱等病症，严重威胁着人们的健康。在条件恶劣的区域，苦咸水、高氟水已经形成了"病区"。2000 年以前，相关部门采取了一系列改水措施，但由于方法落后、投入成本高、技术经济条件制约，改水措施并未得到有效推广；随着时间的推移，已有的设施开始老化，实现卫生水改造，保障人民基本生命健康愈发紧迫。

喝上卫生水，就是省下健康钱。2000—2004 年，宁夏着力推进农村饮水解困及氟砷病改水项目建设，投资 4.9 亿元，兴建饮水工程 374 处，小型泉水改造工程 866 处，解决了 249 个乡、3385 个村共 97 万人的饮水困难问题。此外，农村饮水解困及氟砷病区改水项目的圆满实施，为项目区每年节省约800 个拉水工日，群众每年人均减少医疗费开支约 250 元。

1.2.3　喝上安全的水

截至 2004 年年底，中央和宁夏通过建设大型扬黄工程、中小型集中供水工程和井窖工程，投入了大量财力物力，在解决饮水困难问题上取得了一系列成果。但工程饮水安全覆盖面仍然较低，宁夏中南部仍有 125 万人处于饮水不安全状态。为此，2006—2010 年，按照"骨干水源工程与分散雨水积蓄利用工程相结合，应急抗旱与长远解决饮水安全相结合"的原则，宁夏又投入 13 亿元，建设了固原东部、西吉西部和同心东部等 7 项重点供水工程，新建中小型集中供水工程 195 处，改造泉水 265 处，改建混凝土集水场 5.9 万处。

大、中、小工程并举。地表水、地下水和跨流域调水综合利用，构建起了全区农村供水工程体系，解决了超过 177 万人的饮水安全问题。全区农村饮水安全和基本安全人口累计达到 336 万人，占农村总人口的 75%；自来水入户 286 万人，占农村人口的 64%。

从喊窖水到卫生水再到安全水，宁夏在解决农村饮水困难、保障农村供水安全的道路上，持续努力，不断前行。

1.3 放心水——水源连通

1.3.1 两不愁三保障

2011 年，中央一号文件《中共中央、国务院关于加快水利改革发展的决定》提出，要继续推进农村饮水安全工程建设，提高农村自来水普及率；要在 2013 年前解决规划范围内的农村群众饮水安全问题；要在"十二五"期间基本解决新增农村饮水人口的不安全饮水问题。同年，中央扶贫工作会议进一步明确了十年扶贫开发工作的目标，将饮水安全纳入十二项主要任务之一，成为扶贫工作重要内容。2016 年，党中央、国务院将饮水安全纳入脱贫攻坚"两不愁"中"不愁吃"的考核范围；2019 年，将饮水安全作为与"三保障"同等重要的考核内容，进一步强调了饮水安全在脱贫工作中的重要意义。

让人民不愁喝水，不能仅靠个别工程，更需要形成现代化的完整供水工程体系。通过供水管网将水源与用水户之间连接，保障农村供水水质，有利于提升民众取水能力。只有喝上放心水，人们才有精气、心中才有底气，才能更好地奋斗、更快地发展。要实现这一目标，需全区根据自然条件和工程现状，对供水体系进行系统规划。宁夏农村饮水从此进入多方发力，加快推进安全饮水、放心饮水的建设阶段。

1.3.2 通上"自来水"

为落实中央精神，宁夏积极推动"百村千户"农村自来水入户和改造工程。一方面通过扩大供水网线，将城市供水辐射周边农村；另一方面通过兴建集中供水工程，让那些常年饮用分散水源的地方实行统一供水，使水质达到国家规定标准。"十二五"期间，全区共建成集中供水工程148处、分散供水工程1400多处，农村自来水普及率进一步提高到80%。

随着自来水管线逐渐深入农村，农民的用水方式也在逐渐改变。用水量增加、用水时间集中等现象，对农村自来水供水系统提出了新的挑战，独立水源、单一水源的调配困难，末端水量和压力不足等问题不断暴露。进一步提升供水调配能力，需要将供水水源之间能连尽连，将供水厂与供水管网应连尽连，构建现代供水体系。

1.3.3 连通"大水源"

2015年，宁夏中南部城乡饮水工程开启了第一个城乡供水一体化的大水源工程建设，以实现对黄河水、泾河水的并网利用。这项集水资源配置、城乡供水、扶贫开发为一体的重点水利工程，为宁夏全区建设大水源、大水厂、大水网、大连通模式奠定了基础。

中南部城乡饮水安全工程涉及保障44个乡镇共110.8万城乡居民的饮水安全。工程借助1200 km管道、7座水厂、35座泵站及近5000座水工建筑物，将水源与已建和在建的供水管网、农村供水工程连通。宁夏同时推进盐环定扬黄续建、同心下马关和中卫兴仁等综合供水工程。"十二五"规划结束时，宁夏全区基本实现"大水源、互联通"格局和全区农村饮水安全全覆盖。

1.4 幸福水——彭阳"互联网＋农村供水"

党的十八大以来，宁夏"喝水难"的问题得到全面解决。彭阳县更是采取"互联网＋城乡供水"模式，让农民喝上了"幸福水"，创造了"云解塬上渴"的佳话。2020年，经国家发展改革委、农业农村部专家评审和实地调研核实，彭阳"互联网＋农村饮水"被推荐为全国第二批农村公共服务典型案例并在全国推广，为解决供用水矛盾和推动农村公共服务均等化提供了重要参考。

党的十九届四中全会提出，坚持和完善统筹城乡的民生保障制度，对顺应人民对美好生活的新期待，促进社会公平正义具有重要意义。宁夏贯彻落实党的十九届四中全会精神，在"互联网＋城乡供水"项目中积极推行城乡基本服务均等化，兜牢民生底线，实现城乡居民用水服务公平、优质，满足新时代人民幸福用水需求。

彭阳在"互联网＋农村饮水"项目推进过程中，以科技创新为核心驱动，实现自动化供水信息收集、信息赋能供水调节决策、信息把控供水工程风险、信息优化供水民众服务，实现"互联网＋"扎根农村，汇集"幸福水"普惠农村。

1.4.1 欠发达地区的创新驱动

彭阳率先走上"互联网＋城乡供水"改革之路实为现实所逼。彭阳县境内山壑纵横，村庄零落散布。为将水供到农民家中，共建设了 2 处水厂、45 座泵站、92 个蓄水池、7109km 管网。水是能供到农民家中，可运营管理困难重重。从农民角度看，水龙头出水时大时小，甚至几天都没水，还要跑很远的镇上交水费，有怨气，缴费积极性低。从供水单位看，跑冒滴漏多、爆管、漫水、冲坏房屋庄稼事故频发，故障定位难、修复期长，生产运维成本高，收不上费，经营困难，入不敷出。从政府监管看，群众和上级都不满意，每年补贴几百万元，地方财政持续负担压力大。这些问题在彭阳被总结归纳为"农村供水最后一百米问题"，也是全区其他农村供水面临的问题。

"如何满足人民日益增长的物质需要，让家家户户用上幸福水"成为了新的挑战。2016 年，习近平总书记视察宁夏时指出："越是欠发达地区，越要实施创新驱动发展战略"。

总书记的重要指示精神打开了思路。宁夏水利厅与彭阳县借着国家大力推进"互联网＋"行动的东风，基于"云、网、端、台"新型基础设施，尝试用数字化手段推动农村供水管理变革，补齐农村供水短板，从而实现供水提质增效减负。

1.4.2 农村供水与物联网

"互联网+"能在农村供水中解决什么问题？"互联网+"通过哪些互联网技术对农村供水赋能？"互联网+"能否在宁夏欠发达地区落地生根并开花结果？一个个现实问题考验着人们的智慧。

众所周知，相对于城市供水，农村供水水源条件、自然条件和地理环境更加复杂，有着不同于城市的供水属性和特点：一是农村居民居住分散，需水点相对分散且规模较小；二是地下水、供水项目等水源多样化，水源可选择性强；三是地形起伏较大，水厂选址和管网布置需考虑地理因素；四是供水模式趋向规模化，适度规模区域供水效益更加显著。

在供给端，我国农村供水工程是包括更多水源、更灵活水厂布置和更多变管网布局的复杂系统工程。在需求端，农村居民对于公共服务的需求更为碎片化、小众化与多样化。这在很大程度上从技术水平、经济效益、社会治理层面，对这些农村公共服务的供给提出了新的挑战。

"互联网+"在供水体系中，一方面，现有信息传递手段效率低，用户需求难以采集，传统的自动化监控手段难以实施；另一方面，供水基础设施仍不完善，跑冒滴漏严重、管理成本高、供水保证率差。只有从水实体、水信息两方面同时入手，才能彻底解决这些问题。

物联网可以看作是信息空间与物理空间的融合，将一切事物数字化、网络化，在物品之间、物品与人之间、人与现实环境之间，实现高效信息交互方式，并通过新的服务模式使各种信息技术融入社会行为，是处理水资源的良好工具。物联网的服务架构实时空间关系如图1.2所示。

经过长期不断探索，宁夏全区搭建出包括物理水网（现实的河湖库水系连通及供用水通道系统）、虚拟水网（物理水循环通路及其边界的信息化表达）和服务水网（水资源供需的市场信息、优化调配机制及交互反馈）在内的水联网框架。

1.4.3 "互联网+"赋能农村供水

"互联网+"不仅仅是互联网技术的进步，更是对管理模式、市场调节和用户服务的全方位提升。数字平台通过对用水信息的精确、及时传输，为供

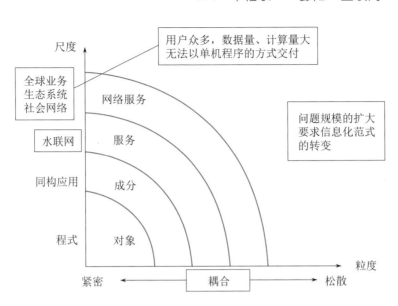

图 1.2　具有物联网特征的服务架构实时空间关系图

水调配提供了实时数据基础，是城乡供水联网调控的"大脑"。彭阳县通过城乡供水管理服务平台，利用物联网将物理空间中的用水实际情况与信息空间中的用水精确数据进行融合，打通供水设施和数字平台，为系统性管理、调配水资源提供服务。

"互联网＋"是对基础设施的赋能。传统的供水基础设施，数据收集需要靠人工进行，一方面会受到时空距离的干扰降低数据及时性，另一方面缺少多方面的客观评价，在人的主观感知中降低数据效度。在水联网中，新型供水基础设施的建设，从横向上形成了广泛覆盖的数据源，从纵向上形成了包括水量、水质等丰富内涵的高质量信息，使基础的实体经过凝练变为价值密度高的抽象数据，便于进一步分析处理。彭阳县利用管网全段的水位、水压、水量自动监测设备快速甄别异常数据，并反馈到具体供水工程事故单位，实现工程风险的快速处理。

"互联网＋"是对管理模式的赋能。在单一水源的线性供水模式中，下游水源供给依赖于上游的自然禀赋，稳定性差，且由于水资源在短时间内无法完全保存，空间的阻隔让"一方浪费水、一方缺乏水"的情况时有发生。彭阳县采用"大水源、多联通"的供水网络，通过网络规模效应提升供水工程建设的边际收益，降低供水工程建设的边际成本，通过构建智慧水网提高水资源供给的质量、效率和水平，可以为水资源调配进行决策辅助，增强水资源要素与其他经济要素的适配性，为增强供给体系的韧性提供有力支撑。

"互联网＋"是对人民服务的赋能。彭阳县搭建公开信息平台使得用户用水信息公开透明，便于用户进行监督；通过提升水质、降低用水经济成本增添了用户用水的动力，在线缴纳水费、反馈设备问题减少了用户的时间成本。用户享受到了"互联网＋"带来的优质供水服务，满意度显著提升，水费收缴率大幅增长，对供水工作的投诉率明显降低。

1.4.4 体制机制创新营造幸福水

彭阳县整合多方力量，以技术发展为核心驱动力，通过城乡供水一体化综合改革，打破了原有农村供水体系的存在的"多头管""缺人管""跑冒漏"和"收缴难"等困境，成为全区"互联网＋城乡供水"管理学习典范。水利部信息中心在对宁夏"互联网＋城乡供水"先行先试调研后认为，宁夏以信息化推动城乡供水模式改革为突破口，拓展了智慧水利建设的新领域、新模式。自治区不断总结经验，总结了以彭阳模式为代表的一系列"互联网＋城乡供水"体制机制，为幸福水长时间运营提供了制度保障，为进一步推进城乡供水一体化建设提供了经验模式。

多方协力，保障工程建设。成立专业水务投融资平台，整合政策性贷款、中央预算内资金、统筹整合涉农财政资金、利用开发性政策性金融等多渠道筹资，对管网设备及信息平台进行集中建设改造，集中力量办大事。采取总承包＋运维（Engineering Procurement Construction＋Operation，EPC＋O）模式，通过政府购买服务的方式将供水业务交由专业公司负责，提升运营效率。

统一规划，融合工程智能。工程侧对水厂、泵站、蓄水池、管网和水表等市场传统要素按照统一标准进行统一整合，规避多重标准；数据侧建立信息化平台，将标准化的用水信息进行实时采集、监测、处理，实现用水链条全区域自动运行和精准管理；用户侧打造"水慧通"APP，开通"智慧人饮"公众号，为群众实现水费管理、用水节水管理提供支撑。

为民服务，持续保驾护航。落实地方人民政府主体责任、水行政主管部门行业监管责任和供水单位运行管理责任，从水源到用户实现全流程监管。建立良性水价机制，采取政府购买服务的方式，服务期内政府对城乡水价进

行统筹和补贴，城乡水价统一，农村群众享受到了城乡均等化的供水服务。

"互联网＋城乡供水"让群众用上了明白水、放心水、幸福水。截至 2021 年年底，宁夏全区农村集中供水率达到 98.5％，自来水普及率达到 95.8％，水费收缴率升至 99％，252.4 万农村居民全部喝上了放心水。

1.5　惠民生——宁夏"互联网＋城乡供水"

"十三五"时期，宁夏通过"互联网＋农村供水"显著提升了农村人民用水水平。在水利部的大力支持下，宁夏在全国先行试点开展"互联网＋城乡供水"示范省（区）建设，充分运用"互联网＋"手段，着力提升城乡供水领域数字治水的能力和水平，使供水工程"全域覆盖、全网共享、全时可用、全程可控"成为可能，打造了城乡供水统筹谋划、一体推进、均等服务、全民受益的高质量发展新格局。

2022 年 10 月 16 日，习近平总书记在党的二十大报告中强调，要坚持以推动高质量发展为主题，着力推进城乡融合和区域协调发展。宁夏全区贯彻落实党的二十大精神，踔厉奋发、勇毅前行，加快推进"互联网＋城乡供水"示范省（区）建设，着力推动构建供水产业新发展格局。

宁夏"互联网＋城乡供水"项目关键在于，技术核心以数据为基，数字赋能供水环节；工程建设形成供水一体大格局，联通水源、基础设施智能化升级；建营模式以政府为引导主体，带动社会市场力量提升建营效率、提升建营收益；运维机制以可持续发展为目标，实现项目全环节全时段监管反馈。宁夏始终以切实解决城乡供水问题、最大程度使城乡供水普惠民生为目标，创新发展思路、统筹各方力量，加快项目落地，打通饮水"最后一百米"，同人民日益增长的用水需求提升供水能力。

1.5.1　大小水源互联通，按物联网标准升级基础设施

供水水源与水厂规划实现智能化调度控制。通过供水工程建设，宁夏以黄河水为主、泾河水和地下水为补充，构建起水量稳定、水质可靠、互备互用的全区城乡供水一体化"大水源"格局。同时按照"建大、并中、减小"的原则，开展水厂整合和改造，淘汰处理工艺落后、建设标准不达标的乡镇

小水厂，改造、扩建规模化水厂，形成规模适配、工艺先进、管理现代的全区城乡供水一体化"大水厂"格局（见附图 1）。

管网与入户实现自适应优化控制和全天候伺服响应。改造低标准联户水表井和供水设施，使用具备远程数据采集、实时监测、后台分析等功能的智能水表，为智能化调度控制提供信息基础。从数据端对管网进行实时监控，实现自适应阀门控制策略、分区计量分区供水漏损控制、分压分时分量供水漏损控制。

云服务平台实现数据中心建设及集成。为打破城乡分界、行政分界限制，实施统一规划、统一标准、统一建设、统一管护、统一服务，宁夏各级人民政府以工程网和信息网为基础，科学布局"互联网＋城乡供水"一体化网上营业厅、应急中心以及便民服务端建设，"互联网＋城乡供水"均衡服务示范，实现供水信息公开透明、供水业务在线办理、供水服务方便快捷，实现城乡供水与城市供水"同源、同网、同质、同价、同服务"。通过建立监控体系、传输体系和应用体系，对供水设施设备实施远程监测、报警控制和智能化管理，为实现城乡供水全天候伺服机提供物理保障。

1.5.2 政府引导社会投，按产业化方向创新建营模式

（1）政府企业资本三结合，解决融资难题。城乡供水工程项目投资规模大、资金筹措难，县级财政承受能力有限，需要在不触及地方财政债务红线的同时积极利用市场融资。宁夏在"互联网＋城乡供水"示范省（区）建设中，一方面积极争取各项专项资金，配套地方政府资金并加以整合，加大项目建设资金投入；另一方面将开发性政策性金融理论的市场化手段与供水制度、水价及补贴等进行制度创新，保证中央和自治区级投资补助资金形成的资产权属清晰，探索出了政府企业资本三结合的 ABO［授权（Authorize）—建设（Build）—运营（Operate）］融资模式，有效解决了"互联网＋城乡供水"项目建设资金筹措问题。

（2）设计采购施工三统一，工程高效建设。宁夏"互联网＋城乡供水"工程涉及范围包含全区 22 个市县近 700 万人口，工程投资高、规模大、工期紧、覆盖面广，合同、质量、安全和造价管理难度大，而且工程大量应用自动化、信息化技术，对项目管理人员和实施人员的管理能力和技术水平要求

较高。宁夏回族自治区水利厅经过多种建设模式的对比分析，选择工程总承包（Engineering Procurement Construction，EPC）模式通过政府购买服务，采取招投标的方式选择专业化的企业负责项目的设计、采购、施工任务，实现城乡供水工程高标准、高质量建设。采取 EPC 设计、采购、施工三统一的建设模式，项目公司通过法定程序选择合适的 EPC 总承包单位，负责项目设计—采购—建设等阶段的工作。

（3）提质降本增效三协同，项目专业运营。根据宁夏彭阳县等地的探索及实践，为全面提升城乡供水市场化、专业化、智能化水平，宁夏主要通过政府授予特许经营权，采取新建项目"建设—经营—转让"（Build-Operate-Transfer，BOT）+存量项目委托运营（Operation and Maintenance，O&M）的项目运作方式，将项目运营管理授权给专业化公司负责，统筹整合城市供水在人才、技术、管理等方面的优势，实行专业化管理、企业化运营和市场化运作，实现提质、降本、增效三协同的城乡供水一体化管理的运营模式，在有效保障城乡供水服务质量的同时提高了居民生活用水满意度。

1.5.3 保障安全谋放心，按惠民生要求改善监管机制

为保证"互联网+城乡供水"运营得当，久久为功实现康有所饮，宁夏坚持以安全为核心，从工程安全、供水安全、网信安全等方面，构建政府主导、市场参与的监管体系，做到故障快速反馈检修，保障工程长期稳定高效运行。

（1）三重举措，守护一泓清泉。开展饮用水水源地环境保护专项行动，对饮用水水源地范围内的土地权属进行确权登记，划界确权，夯实水源安全基础。开展城市集中式饮用水水源地整治成效巩固提升行动，实施县级及以上水源保护区内突出环境问题清理整治"回头看"，强化监管，防范水源安全风险。加强日常巡查，定期联合公安、生态环境等部门，对在水源地及其周边发现的违法违规行为进行联合执法，发起宁夏饮用水水源地环保专项行动，严格执法，守住水源安全红线。

（2）三重体系，聚焦点滴品质。宁夏建设城乡供水监测点网工程，增设全流程的水质实时在线监测设施设备，并将水质监测报告向全社会公开，形成了分级授权、横向到边、纵向到底的监测点网体系。城镇生活污染治理提标升级，强化农业农村污染防治，加强森林植被保护与建设，形成从水源到

用水户的污染全空间防治体系。谋划储备非常规水源利用项目，协同实施集中式、分布式污水资源化利用项目，加快再生水利用管网等基础设施配套及试点建设，形成节水减排节能体系。

（3）三重聚焦，服务走深走细。宁夏各级人民政府正在加快推进"互联网＋城乡供水"实施，建立了市、县（区）"互联网＋城乡供水"推进分级考核和绩效评价机制，激励社会资本通过管理和技术创新提高公共服务质量与水平。利用现代技术及时发现、处置工程问题，利用各种监督举报服务平台对群众反映问题快速反应、快速解决、快速反馈、动态清零，积极为用户提供高水平服务。

（4）三重维度，守卫网信安全。宁夏电子政务公共云平台为水利及"互联网＋城乡供水"提供了更为安全的外部网络信息基础。借助"水利云"平台，水利信息化系统完成了与宁夏政务网全面对接，全部纳入宁夏电子政务外网网络安全监管体系，实现了与数字政府网络安全统一标准、一体防护。宁夏"互联网＋城乡供水"一体化格局如图1.3所示。

图1.3 宁夏"互联网＋城乡供水"一体化格局

1.5.4 振兴乡村奔幸福，建好"互联网＋城乡供水"示范省（区）

1. 联心合力为民生

（1）人民至上提升服务。农村供水保障问题关系着农业农村发展和农民安居乐业，一直是党和政府关注的重点，"坚持人民至上"是中国共产党百年奋斗的历史经验之一，也是中国特色社会主义制度显著优势的根基所在。宁夏"互联网＋城乡供水"，就是从人民需求出发，为人民需求服务，"利民之事，丝发必兴"。

（2）协同发力一体推进。调动一切积极因素，合力推动城乡供水安全保障工作。政府落实主导责任，加强治理，提高水利公共服务能力水平；高等院校和科研单位技术研发、创新引领；企业发挥市场优势，提质降本增效，实现资源高效配置。各方协力攻坚，共同打造城乡供水一体化格局。

（3）坚守底线强化保障。守住农村饮水安全底线，巩固拓展脱贫攻坚农村供水成果。为巩固拓展脱贫攻坚成果，宁夏全区加大农村饮水安全监测，建立健全运行监管机制，对群众反馈的供水问题实现"动态清零"，巩固维护好已建供水工程成果，进一步提升供水保障水平。

（4）科学统筹优化布局。宁夏根据自身地理位置，按照"北引黄河水、南调泾河水、用好当地水"的用水思路，推进大水源、大水厂、大水网建设，在全区形成水量稳定、水质可靠、互联互通、互备互用的6个集中供水片区和2个独立供水片区，布局形成"6＋2"城乡供水"工程网"体系。

2. 科技创新利民生

（1）坚持创新核心地位，推进水利科技创新、模式创新、业态创新，形成水联网数字治水创新成果，有力推动城乡供水工程建设，利用信息技术加强供水保障。

（2）立足地方模式，突破传统思维约束局限，形成具有代表性的项目发展。坚持自主科技研发，打造符合本土环境的特色技术，实现新的增长点。

（3）通过科技创新弥补资源不足缺陷，发挥禀赋特长优势，实现弯道超车和可持续发展。同时利用技术本身的长期性，为地区发展注入长期动力，实现可持续发展。

3. 同水同心兴民生

（1）民以食为天，水以食为先。水是民生必需，民生之要，供水满意是群众满意的最基础需求，也是公共服务的最直接体现。由于城乡供水建设运行成本不同，供水服务在城乡的发展也不平衡。相较于其他公共服务，供水服务是最基本、最直接、最现实的群众生活需求，更应该优先着重加以解决。

（2）同水同心是公共服务均等化的直接体现。水作为公共物品在供水服务的水质、水量、水价上的城乡差距，是民众产生心理落差和影响对政府信任的重要因素。利用水联网技术实现城乡供水一体化，提升供水质量，降低供水成本，缩小发展差距，实现发展均衡，增强人民信任，实现人民满意。

2022年中央一号文件《中共中央 国务院关于做好2022年全面推进乡村振兴重点工作的意见》指出，"扎实有序做好乡村发展、乡村建设、乡村治理重点工作，推动乡村振兴取得新进展、农业农村现代化迈出新步伐"。要实现乡村振兴、共同富裕，就要促进城乡发展均衡，城乡共惠民生。"互联网＋城乡供水"提供的供水服务均等化，同源、同网、同质、同价、同服务，可在当前农村发展模式中，促进重建城乡关系，促进生产要素跨地区流动，促进和谐城乡关系发展，激发城乡协同发展、乡村振兴的巨大潜力，具有重要的现实意义和推广价值，是实现共同富裕的重要触发机制。

第 1 篇

宁夏 "互联网＋城乡供水"
工程技术篇

2020 年中央一号文件《中共中央 国务院关于抓好"三农"领域重点工作确保如期实现全面小康的意见》提出，"有条件的地区将城市管网向农村延伸，推进城乡供水一体化"。统筹推进新型城镇化和乡村振兴战略实施、实现区域协调发展，是对新时期全区城乡供水工作提出新的更高的要求。宁夏按照"十四五"数字治水规划，全面推广彭阳"互联网＋城乡供水"模式，运用"互联网＋"赋能，建设"互联网＋城乡供水"示范省（区），实现城乡供水公共服务均等化。

本篇包括第 2 章至第 5 章，主要对宁夏"互联网＋城乡供水"示范省（区）工程建设中的各项技术要点进行了总结介绍，其中：第 2 章"互联网＋城乡供水"总体构架，介绍了"互联网＋城乡供水"的总体架构，包括"互联网＋城乡供水"的物联网特征、水联网体系设计以及保障体系；第 3 章"互联网＋城乡供水"水源与水厂工程，就"互联网＋城乡供水"工程建设中水源、水厂及调蓄工程的在线监测与自动智能控制进行了介绍；第 4 章"互联网＋城乡供水"管网与入户，重点介绍了管网工程与末端入户工程的提标改造原则、管网自适应优化控制技术、入户全天候伺服响应技术、管网与入户水质的在线监测与应急处置；第 5 章对"互联网＋城乡供水"云网端台条件保障平台、运行维护智能服务平台、网络安全与保障策略等方面进行了总结，并结合案例进行了介绍。

本篇通过对"互联网＋城乡供水"中各单项工程的技术设计的全面介绍，以期为相关行业设计技术人员在从事相关工作的过程中提供借鉴与参考。

第 2 章

"互联网＋城乡供水"总体构架

宁夏"互联网＋城乡供水"是水利部"智慧水利和数字孪生流域"的一次重要实践。

"互联网＋城乡供水"针对传统城乡供水工程点多、面广、线长，跑冒滴漏严重、管理成本高、供水保证率低等问题，引入物联网技术体系，从物理水网、信息水网与服务水网等三个层面开展系统治理的创新探索。采用"延伸、联网、整合、提标"等方式，通过构建骨干供水"主动脉"；集中优化升级城乡供水"一个云中心"，联通升级覆盖城乡的工程网、信息网、服务网等"三张供水网络"；配套升级现代城乡供水组织、制度、标准、安全等"四个保障体系"；引入社会资本，充分发挥市场优化资源配置的作用，在发展方式和建管模式、科创模式、产业模式等体制机制方面探索创新。实现了供水管理精细化、供水服务均等化、供水产业良性化的城乡一体化供水新格局。

> **"智慧水利"与"城乡供水一体化"**
>
> 2020 年中央一号文件《中共中央、国务院关于抓好"三农"领域重点工作确保如期实现全面小康的意见》明确："提高农村供水保障水平。

全面完成农村饮水安全巩固提升工程任务。统筹布局农村饮水基础设施建设，在人口相对集中的地区推进规模化供水工程建设。有条件的地区将城市管网向农村延伸，推进城乡供水一体化。"

城乡供水一体化通常是指按照"大水源、大水厂、大水网、大服务"的架构，持续推进农村供水工程建设，分步实施已建、在建和拟建城乡供水工程网连通，通过整合、延伸、串并、互备等方式，联通区域城乡供水单元，构建工程保障网、数字信息网、管理服务网和城乡供水一体化管理平台等"三网一平台"，逐步形成城乡供水"同源、同网、同质、同价、同服务"的水网一体化格局，城乡供水网是国家水网和地方水网的重要组成和优先建设部分。

2021 年 11 月，水利部出台了《关于大力推进智慧水利建设的指导意见》和《"十四五"期间推进智慧水利建设实施方案》，印发了《智慧水利建设顶层设计》和《"十四五"智慧水利建设规划》，系列文件明确了智慧水利的概念与推进以构建数字孪生流域为核心的智慧水利建设。

智慧水利应用云计算、物联网、大数据、移动互联网和人工智能等新一代信息技术，对水利对象及水利活动进行透彻感知、全面互联、智能应用、泛在服务、信息共享，促进水利规划、工程建设、运行管理和社会服务的智慧化，驱动水治理体系和治理能力现代化的新理念和新模式。

2.1 "互联网＋城乡供水"物联网特征

"互联网＋"就是互联网＋传统行业。随着科学技术发展，信息技术不断渗入各行各业，互联网平台优势赋能，对传统行业进行优化升级转型，使传统行业能够适应时代的新发展，从而推动社会不断向前发展。

物联网是通过部署感知、计算、执行、通信设备，获得物理世界信息或对物理世界物体控制。通过网络实现信息的传输、协同和处理，实现人与物通信、物与物通信。早在 2015 年，我国政府就已经发现了"互联网＋"的极大潜能，出台了《关于积极推进"互联网＋"行动的指导意见》。

"互联网＋"的 11 个应用领域

国务院于 2015 年 7 月 4 日印发了《关于积极推进"互联网＋"行动的指导意见》，提出了 11 项重点行动，并就做好保障支撑进行了部署。具体包括：

（1）"互联网＋"创业创新：充分发挥互联网作用，推动各类要素聚集、开放和共享，引导和推动全社会形成大众创业、万众创新的环境，打造经济发展新引擎。

（2）"互联网＋"协同制造：推动互联网与制造业融合，提升制造业数字化、网络化、智能化，发展互联网协同制造新模式，加快形成制造业网络化产业体系。

（3）"互联网＋"现代农业：利用互联网提升农业生产经营和管理服务，培育网络化、智能化、精细化的现代农业新模式，促进农业现代化明显提升。

（4）"互联网＋"智慧能源：通过互联网推进能源生产消费模式革命，加强分布式能源和发电、用电及电网智能化改造，提高电力系统安全性、稳定性和可靠性。

（5）"互联网＋"普惠金融：提升互联网金融水平，鼓励互联网与银行、证券、保险、基金的融合创新，为大众提供丰富安全便捷的金融产品和服务。

（6）"互联网＋"益民服务：发挥互联网优势，提高资源利用效率，发展以互联网为载体、线上线下互动的新兴消费和基于互联网的医疗、健康、养老、教育、旅游、社会保障等新兴服务，降低服务消费成本。

（7）"互联网＋"高效物流：建设跨行业跨区域物流信息服务平台，鼓励大数据云计算在物流领域的应用，建设智能仓储和智能物流，提升物流效率，降低成本。

（8）"互联网＋"电子商务：巩固我国电子商务优势，大力发展农村、行业和跨境电商，深化产业融合，完善标准规范、公共服务环境，进一步扩大电子商务空间。

（9）"互联网＋"便捷交通：通过基础设施、运输工具和信息的互联网化，显著提高交通运输效率和管理精细化水平，全面提升交通运输服务品质和治理能力。

（10）"互联网＋"绿色生态：推动互联网与生态文明融合，形成覆盖主要生态要素的承载能力动态监测网络，促进再生资源利用便捷化，促进生产生活方式绿色化。

（11）"互联网＋"人工智能：加快人工智能核心技术突破，促进人工智能在家居、终端、汽车、机器人等领域的推广应用，形成创新、开放、协同的产业生态。

城乡供水工程点多、线长、面广，用户分散、需求分散、运维分散，被视为农村供水的"最后一百米"难题，传统管理方法对此力不从心。

宁夏在大水源连通有效解决"稳定水源"问题之后，面对"最后一百米"难题，引入基于物联网技术体系的水联网理论，通过将物联网链路映射到水资源管理领域，厘清了水资源管理的尺度与粒度、特定工程系统和社会服务系统之间的超越关系，形成"实时感知、水信互联、过程跟踪、智能处理"的水资源系统管理模式。"互联网＋"与传统城乡供水的深度融合是对城乡供水工程安全保障薄弱环节的重要补充，是向广大用户提供优质服务的重要抓手，是促进城乡供水工程数字化转型升级的有效工具，是构建城乡供水数字化产业的支撑平台，是盘活城乡供水固定资产的有效手段，是推动农村供水向城乡供水一体化改革发展的重要动力。通过"互联网＋"技术向农村供水工程进行数字赋能，将小型分散农村供水作为政府部门的监管难题转变为社会资本运营的优质资源。实践证明，物联网体系架构是解决分散式资源管理的有效方法，而农村供水系统正是分散式资源的典型系统。

引入物联网技术后，与2015年国务院出台的《关于积极推进"互联网＋"行动的指导意见》相对应，传统的农村供水就自然而然地命名为"互联网＋农村供水"，考虑到城乡供水区域统筹发展，引申形成"互联网＋城乡供水"。

"互联网＋城乡供水"是在市、县域具备供水职能、水源、组织基本条件的基础上，利用物联网的技术方法，深度融入互联网的创新成果，推动城乡供水技术进步、效率提升和组织变革，实现城乡供水产业市场化、专业化、数字化的一项系统工程。

2.1.1 总体框架

宁夏"互联网＋城乡供水"按照"体系性、层次性、先进性"的思路，聚焦信息技术"网络化、数字化、智能化"的发展趋势，将城乡供水工程各种传感、计量、测控等物联网设备以及自动运行、业务管理、公众服务等系统接入网络、统一上云，形成"实时感知、水信互联、云边端协同、测算控一体"的总体架构，实现基础设施统一调度、信息资源融合共享、应急业务智能应用，全面提升城乡供水能力。

"互联网＋城乡供水"的总体框架包括物理水网、信息水网、服务水网、标准规范与管理制度、安全与运维保障体系，如图 2.1 所示。各个层级的设置与发挥的作用如下：

（1）物理水网涵盖了城乡供水"从水源到水龙头"全过程，主要有水厂、管道、泵站、水池以及入户工程等。信息水网涵盖了物联感知层、基础设施层、数据资源层以及支撑自动化系统运行的业务应用层（采集系统、数据资源建设、管理服务系统等）。服务水网涵盖了支撑政务管理和公共服务的业务应用层（公共服务系统、APP、公众号等）以及对应的用户及服务层。

（2）安全与运维保障体系通过构建运行保障体系，实现城乡供水信息化体系的安全防护和运维运营。安全防护主要采用零信任安全架构、国产密码算法、密码资源池、安全态势感知、网络行为溯源、主动防御、区块链和可信计算等技术，构建多维协同的网络安全保障体系，为水利管理各项工作提供安全可信保障；标准规范与管理制度主要通过标准适用性统计分析及经验评估、标准一致性测试等技术，构建标准验证和测试手段，支撑技术体制审查和标准符合性检测，确保标准的落地实施。运维运营主要采用智能运维、故障定位、故障自愈、自动编排等技术，构建集约高效的一体化运维运营体系，从而保障水利管理各项业务稳定、高效、可靠地运行。

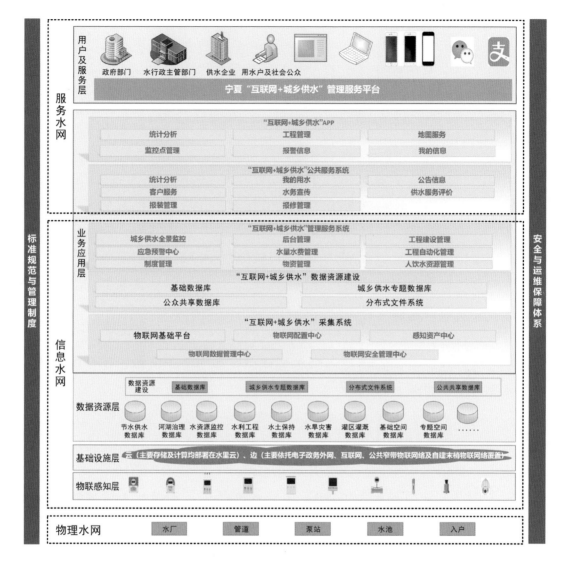

图 2.1 "互联网＋城乡供水" 总体框架图

2.1.2 链路特征

"互联网＋城乡供水" 具有明显的物联网链路特征，按物理水网、信息水网和服务水网的总体构架，各环节的链路特征如图 2.2 所示。

物理水网由供水过程中的各类供水单元构成，供水单元包括水源、水厂、供水管网、用水户、排水管网、污水处理站，供水过程中水资源的链路过程包括取水、输水、水处理和配水等四个部分，水源取水后利用输水管网将原水输送到水厂，水厂根据用水对象对水质的要求对原水进行处理，处理后的

24

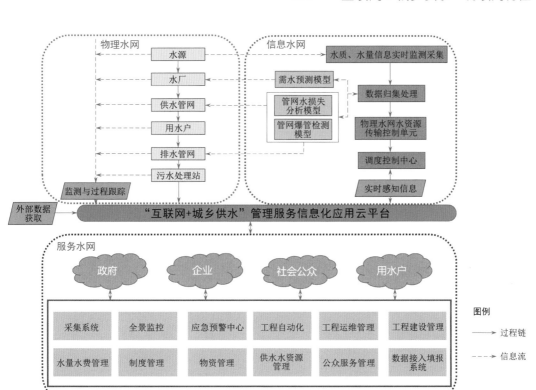

图 2.2 "互联网＋城乡供水"系统链路特征

净水继续通过配水管网提供给用户使用，用户使用后的污水通过排水管网输入到污水处理站进行达标处理排放。这一过程中各环节的数据信息通过自动化监测设备实时监测与跟踪，结合外部数据的获取上传至城乡供水信息化应用云平台。

信息水网通过对水资源传输过程的实时监测与信息采集，对获取的数据进行归集处理并结合需水预测模型确定下一步各个输送单元的输水量，输水量确定后，通过水资源传送控制单元实现输配水过程的控制，根据输配水过程的监测数据，结合管网水损失分析模型和管网爆管检测模型，保证输配水过程的安全稳定。水资源传输过程中所有实时监测信息上传至水利云平台。

服务水网结合物理水网与信息水网对供水全过程的数据采集与模型分析结果，集成采集系统、全景监控、应急预警中心、工程自动化、工程运维管理、工程建设管理、水量水费管理、制度管理、物资管理、供水水资源管理、

25

公众服务管理以及数据接入填报系统等业务应用子系统，面向政府、企业、社会公众和用水户分别提供不同的业务服务功能，所有子系统集成在"互联网＋城乡供水"管理服务信息化应用系统中，实现供水全过程的精细化管理，打造城乡供水同源、同网、同质、同价、同服务的管理模式，建立企业化运营、社会化服务、用水户参与、政府监督管理的运行模式，保障供水全过程安全可靠，实现智能化、精细化、科学化的供水全过程管理。

2.1.3 系统风险

广义水联网包括降水、产流、调蓄、输配、入户、市场等6个环节，城乡供水系统的供水过程概化为水源、水厂、输配水管网、用水户等4个实体控制环节与城乡供水服务环节共5个环节。各个环节与其子环节均存在自身风险，各环节中节点与平台间都存在信息传输风险，云服务平台自身存在风险，对各环节风险的控制是城乡供水系统风险控制的基础，其风险主要有：

（1）各个环节与其子环节自身风险主要有：①水源风险包括：地表水与地下水及取水蓄水过程中存在的供水保证率低和地下水抽取受环境影响的风险；地表水或地下水水源水量水质不达标，监测设备监测不准确或设备损坏等。②水厂风险包括：蓄水池漏损或被污染的风险；水厂、泵站抽水设备、水量监测仪器故障等导致监测数据不准确或数据获取不到的风险；净水工艺技术不合理，运行管理与实操不规范等风险。③输配水管网由于线长面广，地形起伏较大，存在爆管、漏损、冻损等一系列风险，如输配水过程中起伏地形条件下关键节点易爆管，漏损、爆管事故发生后不易被察觉，管网末端压力不足等；管网监测设备不合理的布局会导致维护人员对管网运行动态无法全面掌握，监测仪器故障导致监测数据不准确等。④用水户环节的风险包括供水与公共服务两方面，供水过程存在供水水量水质水压不达标、供水时间存在限制、供水保证率不高等风险；公共服务方面存在用水信息不透明、水费缴纳不智能等风险。⑤城乡供水服务环节中存在着水费收缴难、运维成本高、应急响应慢、管理服务方式落后等风险。

（2）在整个"互联网＋城乡供水"的物理水网构架下，沟通物理水网与云服务平台的信息水网至关重要。各节点与平台信息传输存在的主要风险情况有：网络连接不顺畅导致的信息通信失效；多节点并行传输导致的并发事件运行处理问题；远距离传输信号强度弱等。

（3）云服务平台自身存在的风险主要有：数据输入、读取与存储中不合理数据和存储空间不足；数据并行输入处理速度慢、数据存储与读取故障和信息丢失等；大数据分析模型存在不确定性和参数不确定等风险；仪器设备自动化控制中决策倾向不确定性和控制权限授予风险等。

"互联网＋城乡供水"存在的系统风险如图2.3所示。

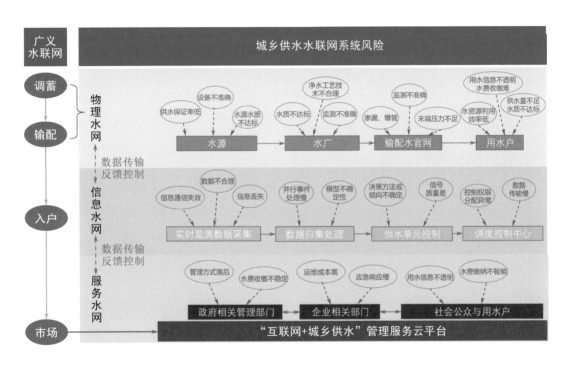

图2.3 "互联网＋城乡供水"存在的系统风险

2.2 "互联网＋城乡供水"水联网体系

"互联网＋城乡供水"的物理水网（工程网）、信息水网（信息网）和服务水网（服务网）融合而成一个复合网络系统，宁夏基于新一代物联网信息技术构建以"工程网"为纽带的"测—算—控"协同的城乡供水基础设施体系，利用实时监控、实时控制的"信息网"，形成高效、优质、公开的"服务网"，构建了"三网融合"的现代化"互联网＋城乡供水"管理服务体系。三张网是紧密衔接、相互协调的有机整体。

新时期农村供水信息化管理要求

2021 年 10 月 14 日，水利部召开"十四五"农村供水保障推进视频会，水利部部长李国英指出，"要健全和完善农村供水信息化管理平台，加强供水全面感知、实时传输、数据分析和智慧应用系统建设，增强预报、预警、预演、预案能力，提升风险防控和管理水平。"

李国英强调，"提高智慧管理水平。健全完善农村供水信息化管理平台，推进规模化供水工程水量、水质、水压等关键参数在线监测和主要制水环节自动控制。要加强供水全面感知、实时传输、数据分析和智慧应用系统建设，结合气象水文预报预测信息和水量供需能力分析，制作农村供水风险图，增强预报、预警、预演、预案能力，提升风险防控和管理水平"。

2.2.1 物理水网

物理水网是城乡供水安全保障的基础，建设完整、畅通、可靠的物理水网体系是开展"互联网＋城乡供水"的前提。物理水网是按照城乡供水从水源—水厂—管网—用户的全过程链路特征，在充分利用现状已建供水工程的基础上，按照"大水源、大水厂、大管网、大联通、大服务"的思路进行全区域系统性规划布局，以物理水网覆盖度、物理水网畅通性、管网体系自动化程度、水利服务体系完备性等为建设指导，统筹考虑工程经济合理性，运行维护便捷性，兼顾近远期与高质量发展的需求，构建形成水量稳定、水质可靠、互联互通、互备互用的物理水网体系。物理水网各单项工程布设要求见表 2.1。

表 2.1　　　　　　　物理水网各单项工程布设要求

序号	项目	布 设 要 求
1	水源工程	优先选择水量丰沛、水质良好、保障程度高的大水源，区域内小水源及地下水源，要实施水源水网连通，满足供水区域规划水平年用水需求

序号	项目	布 设 要 求
2	水厂工程	依托大水源按照建大、并中、减小的原则，淘汰水处理工艺落后的水厂，消减千吨万人以下小型分散水厂，开展水厂规模化整合提升改造，形成布局更加合理、规模适配、工艺先进、运行智能的大水厂格局
3	管网工程	对输配水管网要提标、升级、改造，兼顾信息网相关自动化监控设施设备的安装和信息传输要求以及服务网的运行管理要求，通过建设城乡打通、区域互通、县县连通的方式构建输配水管网"脉络"体系
4	入户工程	对用户端要建设入户自来水和联户水表井，优先使用具备远程数据采集、实时监测、后台分析等功能的智能水表，并通过信息水网和服务水网对物理水网的安全保障和薄弱环节进一步补充，打通城乡供水"最后一百米"

2.2.2 信息水网

信息水网的建设按照"感知、交换、应用"的架构，给物理水网装上能感知的"眼睛"、会思考的"大脑"、可自动化运行的"手脚"，全面提高供水体系数据感知力、分析力和执行力，加快政府、市场、用户间的数据交换能力，提高管理服务数字化应用水平。

信息水网的构建体系包括一个中心、三级平台和三大体系，总体架构如图 2.4 所示。

一个中心指水利数据中心，各县（区）"互联网＋城乡供水"数据统一接入水利数据中心，所需云资源由各县（区）向水利厅申请，各应用系统应基于全区统一架构和用户体系部署在专用物联平台。水利数据中心是支撑信息网业务运行和服务网决策的数据交换平台。

三级平台指省、市、县三级的供水管理平台暨综合管理系统，各县（区）应用管理系统采用水利行业统一模板开发，分总调度中心，各片区分调中心（水利站）分调度和泵站、蓄水池、管网线上云调度三级调度。

三大体系包括实时感知体系、传输体系和应用体系，如图 2.5 所示。感知体系采用物联网技术，从水源到入户全过程安装接入水位、水量等各类监控设备，实现从水源、水厂、泵站、蓄水池、管网到用户的全程自动化信息采集与控制，实现供水全过程的实时感知。传输体系利用公共网络资源，如租赁公网、GPRS/4G/5G 及 NB－IoT/CAT1 等窄带物联网络，将从水源

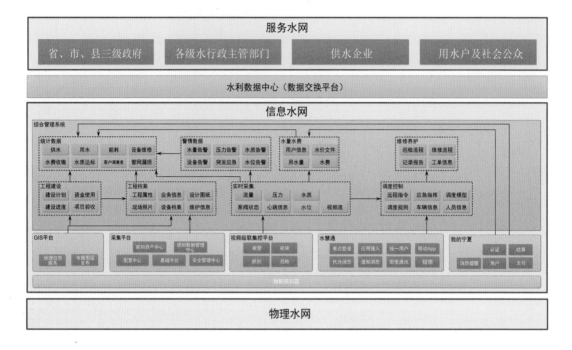

图 2.4　"互联网＋城乡供水"信息水网总体架构

到水龙头的多场景感知信息安全、可靠传输至平台，实现供水全过程的水信互联。应用体系引入智能运算、业务协同，通过电子政务外网面向水利厅、市、县（区）相关管理部门构建应用系统，通过运营商网络向项目公司、用水企业和用户构建应用系统，针对不同用户开发不同应用功能的子系统，通过各子系统间的协同应用，实现供水全过程的过程跟踪与智能处理。

"互联网＋城乡供水"信息水网本着"整合资源，共享利用"的建设原则，各县（区）供水工程管理系统在建设运行过程中兼顾与宁夏回族自治区水行政主管部门信息化系统的纵向集成和与各县（区）其他信息化系统的横向集成，水行政主管部门已建的水慧通平台、水利数据中心、水利 GIS 平台以及水利电子政务外网等与水行政主管部门信息化平台的纵向集成。同时各供水管理系统以及其他相关系统间实现集成并进行数据共享和交换。

通过纵向和横向集成，实现物理水网系统与水行政主管部门信息化平台以及与县（区）信息化系统之间的互联互通、信息共享、业务协同以及统一展现，支撑整个县（区）供水工程的稳定运行，实现城乡供水全过程的实时感知、水信互联、过程跟踪与智能处理。

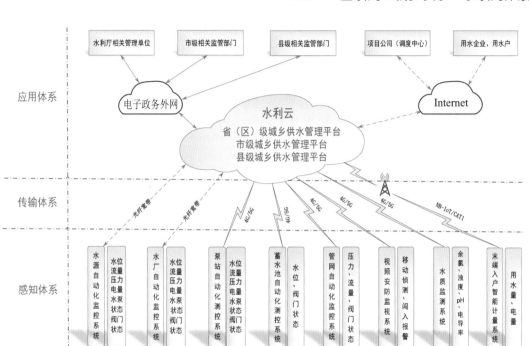

图 2.5 "互联网＋城乡供水"信息水网三大体系

2.2.3 服务水网

服务水网遵循高效、优质、公开的原则，紧扣提升服务、方便群众的目标，建设网上营业厅、应急中心和信息公开板，借助自动控制、远程控制和智能终端等设施设备，为城乡群众提供高质量的水利公共服务产品。

服务水网的用户层包括政府、水行政主管部门、企业、用水户及社会公众等对象；支撑层包括手机、电脑等移动端设备，实现水费的即时收缴等功能；应用层通过综合管理系统实现供水服务过程中各类业务的应用处理；展现层通过微信公众号、小程序及各类门户网站，公开供水用水的相关政策信息。服务水网的框架体系如图 2.6 所示。

服务水网通过线上与线下相结合的模式提供服务，服务能力基于城乡供水管理服务平台、运行管护机制与城乡供水监管体系等三方面的能力。

（1）"互联网＋城乡供水"管理服务平台。宁夏"互联网＋城乡供水"管理服务平台，通过统一的水量、水质、视频、运行工况、空间地理、收费、管理等数据库，数据采集、传输、数字模拟和决策支持等软硬件，数据采集、

31

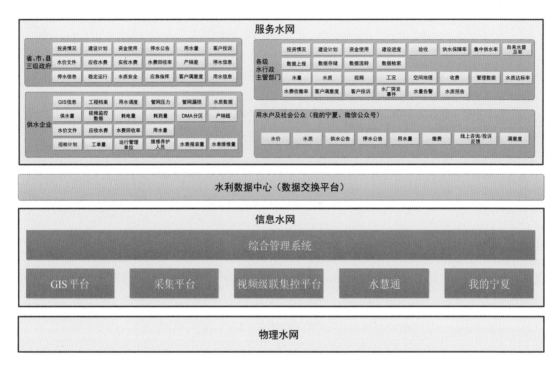

图 2.6 "互联网＋城乡供水"服务水网框架体系

存储、分析挖掘、可视化、交换交易等分析集，建立城乡供水大数据，增强数据的集聚和利用效率，从线上（网上营业厅、应急中心、信息公开等）和线下（基础设施、水质监测、运维保障、物资管理、人员培训等）增强服务能力建设，建设内容见表 2.2。

表 2.2 "互联网＋城乡供水"服务能力建设内容

序号	名称	服务能力建设内容
1	管理服务平台	建设统一的"互联网＋城乡供水"管理服务平台，构建统一的水量、水质、视频、运行工况、空间地理、收费、管理等数据库
2	报警服务平台	依托管理服务平台数据支撑，通过报警服务规则配置，实现对供水设施的全面、动态化管理；通过短信、微信、邮件等多种方式进行报警信息推送
3	管网水力学模型	对管网构成的自来水输送和分配过程进行模拟和科学分析，实现节约工程投资和降低日常运行费用的目的
4	数据检索	以水慧通平台为基础，建立城乡供水领域词典，结合已有的云平台资源实现分布式搜索；提供供水信息高质量、高效率、个性化的检索服务
5	客户服务平台	建设城乡供水客户服务平台，实现点对点、零距离、无休息的高质量客户服务

序号	名称	服务能力建设内容
6	协同办公平台	利用政务服务门户、微信、支付宝等移动服务端，提供优质便捷的数字化供水服务
7	传输网络	利用政务云中心、运营商网络等公共资源，结合 4G/5G/GPRS、NB－IoT 等无线通信相结合的传输方式，保证数据传输的安全、可靠

（2）运行管护机制。运行管护机制包括运营管理产业化、运行管护专业化、运维保障智能化、发展水联网行业服务模式、流程化促进效率提升以及精细化促进科技创新等方面，运行管护机制构建的具体内容见表 2.3。

表 2.3　　　　　　"互联网＋城乡供水"运行管护机制构建内容

序号	机制构建方向	机制构建内容
1	运营管理产业化	鼓励引导供水企业通过收购、兼并、控股、参股、优化重组等方式，组建或新建供水主体，形成城乡一体化供水集团，全面承接城乡供水工程投建管服、运营的一体化管理
2	运行管护专业化	建立城乡供水工程专业化管理机构、专业化管理队伍，实现制度、标准的科学制定到供水服务全流程的专业化管理
3	运维保障智能化	借助城乡供水管理服务平台等公共信息资源，对城乡供水工程水源、水厂、泵站、管网及入户终端进行信息化改造，设立城乡供水网上营业厅，实现缴费、报修、查询、投诉、咨询等供水业务的网上办理
4	发展水联网行业服务模式	将相同领域的水联网服务项目统一切分组成模块，企业将精力从框架设计转移到专精于每个模块的质量提升，降低企业工作难度，提高水联网行业服务的可推广性
5	流程化促进效率提升	凝练水联网行业服务流程，促进同领域同环节的企业形成良性竞争局面，提升全流程的服务效率，提高水联网行业服务的整体效率
6	精细化促进科技创新	比较水资源管理过程供给端与需求端的服务质量差异，借助市场化手段促进科技创新

（3）城乡供水监管体系。"互联网＋城乡供水"监管体系以加快完善城乡供水组织、制度、标准、安全等"四个体系"为目标，实现城乡供水依法监管、安全可控、服务便捷。

以标准推动企业，规范行业内容，明晰行业门槛，逐步淘汰不符合"互联网＋城乡供水"要求的技术和企业，为互联互通"三张网"提供保障。以标准引导企业发展，明确各领域内各项技术的等级差别，提出企业的分级标准，对企业能力进行标准化衡量，引导企业的发展方向。以标准激励企业创新，明确水联网企业分级标准，提供良性竞争平台，激励企业自身在分级标准层面的提升，激励企业不断创新进步，通过科技创新提升服务质量，增强企业竞争力。具体逻辑架构如图 2.7 所示。

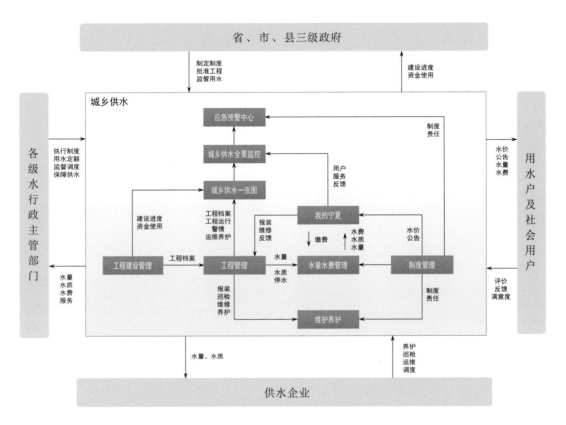

图 2.7 "互联网＋城乡供水"服务水网逻辑架构图

2.3 "互联网＋城乡供水"保障体系

2.3.1 组织安全体系

城乡供水是最大的民生保障。宁夏压实各级政府和部门责任，全面落实地方人民政府主体责任、水行政主管部门行业监管责任和供水单位运行管理责任等"三个责任"，落实城乡供水工程运行管理机构、管理办法、管理经费等"三项制度"，以区域、县域为单元，统筹城乡供水规划、建设、管理、运营和可持续发展需求，根据《中华人民共和国水法》《城市供水条例》《宁夏农村饮水安全工程管理办法》等相关法律法规，结合各市、县（区）实际情况，制订相应的城乡供水管理办法，对管理范围与职责划分、供水设施建设与管理、城乡供水经营与管理等做出明确规定，保障"互联网＋城乡供水"工程的组织管理。

加强各级用户的培训，制定相关的政策措施，建立完备的安全组织和管理制度是安全管理的主要手段。"互联网＋城乡供水"的安全管理体系包括安全策略、安全组织及执行、事件监控和响应、安全保证和运行体系等四个方面。

安全策略包括各种法律法规、规章制度、技术标准、管理规范和其他安全保障措施，是信息安全的核心问题和建设依据，包括总体策略、专项策略和系统策略等三种类型。总体策略规定机构的安全流程和管理执行机构，专项策略规定单项业务信息安全特定方面的目标、条件、角色、负责人以及一致性，系统策略规定某个具体系统（包含软硬件及人员等）的安全策略。

安全组织及执行通过采购、安装、布控、集成防火墙系统、入侵检测系统、弱点漏洞分析系统、内容监控与取证系统、病毒防护系统、内部安全系统、身份认证系统、存储备份系统等方式，执行安全策略的各项要求，保障系统使用过程中的安全。

事件监控和响应通过集中收集系统安全事件并进行实时分析，对安全事件进行自动响应和支持处理，包括事件通知、事件处理过程管理、事件历史管理等内容。

安全保证和运行体系由策略管理、策略执行、事件监控、响应支持等构成，形成统一的安全策略。

2.3.2 技术安全体系

"互联网＋城乡供水"技术安全体系主要是指网络安全，包括纵深防御、统一安全服务、综合安全采集监测、融合安全感知预警和应急响应支撑服务，构建对关键数据进行数字化映射、监测、诊断、预测、仿真、优化的数字孪生管理系统。"互联网＋城乡供水"各供水环节运用的系统在运行中需考虑防

雷、接地、电源、设备、数据等因素，建设符合安全标准的机房环境，加强设备及场地安全管理措施，提高实体安全水平。此外，本地备份、数据异地容灾等安全性措施的采用，可以有效保障数据安全。

"互联网＋城乡供水"安全技术体系的架构包括水利厅网络安全运营中心（第一级），市、县（区）级网络安全监测预警应急响应服务平台（第二级），供水工程现地供水网络的纵深防御（第三级），如图 2.8 所示。

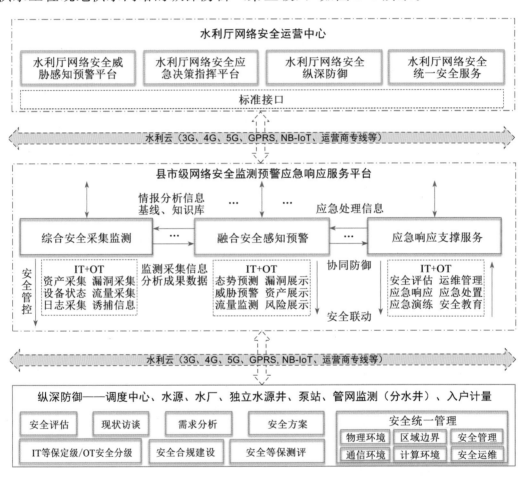

图 2.8 "互联网＋城乡供水"安全技术体系架构

水利厅网络安全运营中心是水利厅信息安全主管部门自建的运营中心，负责开展信息安全纵深防御建设，通过省级网络安全威胁感知平台和应急响应决策指挥平台，实现对下级市、县（区）级的指导、监测及服务。

市、县（区）网络安全监测预警应急响应服务平台，融合资产采集、日志采集、流量采集、威胁诱捕、漏洞分析、安全评估、监测预警、网络运维、安全管控、应急响应、协同防御、态势预测等功能于一体。

各市、县（区）网络的纵深防御包括安全的物理环境、通信网络、区域边界、计算环境、安全管理及安全运维等方面。

"互联网＋城乡供水"的安全技术体系还包含通讯网络安全、设备安全、平台安全、应用系统安全和数据安全。

通信网络安全是指设备接入时利用密钥进行验证，各类设备第一次启动后进行设备注册，使用时进行激活，信息包括公共参数、业务参数、数字签名。

设备安全是指设备在安装时应保证选择通风良好、灰尘少、不潮湿的场地，同时为方便设备安装、保养，四周地面设排水沟。设备泵机组需经常检查，离心泵和止回阀如发现漏水等现象，应及时检查维护。自动化控制系统需保证防水、防尘、线路绝缘。

平台安全从应用程序、数据库等方面进行分级设置管理，防范人为入侵和破坏。利用双机集群系统（HA）模式，实现系统的热备份，在主用系统故障时自动切换到备用系统，可提供流媒体服务器多种单元的冗余备份，支持用户手工备份，并且备份数据可保存到外部设备中。同时，设备通过分布式部署，保证系统的安全。

应用系统安全是指软件系统按照信息安全等级保护Ⅲ级和计算机网络安全有关要求进行等级保护安全测评，针对安全管理、物理、主机、网络、应用、门户网站等方面的漏洞进行评测，及时发现网络和信息系统存在的安全问题。另外，搭建网络应用防火墙以及代码防护，防止木马攻击。

数据安全通过系统部署于宁夏公共云平台上实现，依据数据的生命周期和云计算特点，构建从数据访问、数据传输、数据存储到数据销毁等各个环节的云端数据安全框架。此外，设计可靠的数据安全备份系统，保证信息系统数据的完整性与可靠性。

2.3.3 标准规范体系

宁夏在深入推进"互联网＋城乡供水"工程建设的同时，同步开展了系列标准编制，从"互联网＋城乡供水"设计报告编制、自动化与信息化设计、自动化硬件选型、工程质量评定与验收、工程运行与维护、自动化工程建设与网络安全等方面指导全区"互联网＋城乡供水"工程标准化设计。

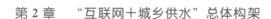

《宁夏"互联网＋城乡供水"设计报告编制规程》，规范了"互联网＋城乡供水"工程建设可研报告等技术方案的编制内容。

《宁夏"互联网＋城乡供水"自动化与信息化设计规程》，规定了包括水源、水厂、调蓄水池、管网、入户计量、视频、调度等自动化部分，以及数据资源、支撑平台、应用系统、应用入口等信息化部分的设计模板，为"互联网＋城乡供水"项目信息化设计、通信网络及网络安全等方面的内容提供了统一标准与规范依据。

《宁夏"互联网＋城乡供水"自动化硬件选型规程》，为前述标准中涉及的主要设备提供了技术参数和选型方面的规范性要求。

《宁夏"互联网＋城乡供水"工程质量评定与验收规程》，主要指导"互联网＋城乡供水"工程中自动化与信息化工程建设的质量评定与验收，规范了自动化与信息化建设的验收与审核。

《宁夏"互联网＋城乡供水"工程运行与维护规程》，为"互联网＋城乡供水"工程日常运维提供了规范性文件与标准，明确了运维单位的管理职责与管理内容。

《宁夏"互联网＋城乡供水"数据规范》，规定了"互联网＋城乡供水"规划、设计、实施、管理、运行、维护、评估、检测等过程中有关城乡供水数据的管理工作，统一了数据管理过程中的相关标准与工作内容。

以上标准涵盖了"互联网＋城乡供水"项目水源、水厂、泵站、调蓄水池、输配水管网、用水计量系统、水质安全检测系统、调度系统、数据资源、支撑平台、应用系统、应用入口等信息化设计、通信网络及网络安全等方面。通过标准体系的建立，保证了"互联网＋城乡供水"项目规范化设计、信息化设计、通信网络设计、网络安全设计等方面的规范性与一致性。

标准体系的建立遵循智慧水利发展的总要求，遵循"需求牵引、应用至上、数字赋能、提升能力"的原则，强调适用性与可操作性，保障工程系统和技术系统安全、可靠、稳定运行。同时，充分考虑与国家、行业现有相关标准的协调性，突出重点、分类指导，有效保证"互联网＋城乡供水"工程从规划、建设、施工、验收到运维全过程的规范化、设备选用的统一化、网络安全的标准化，统一的标准体系在技术上保证数据和应用的集成，实现资源共享，规范"互联网＋城乡供水"的建设、生产、监管与评价的全过程。

第 3 章

"互联网＋城乡供水" 水源与水厂工程

　　宁夏"互联网＋城乡供水"水源工程通过改造提升中南部城乡供水水源工程，建成银川都市圈城乡供水西线、东线工程，加快推进清水河流域城乡供水工程建设，构建以黄河水为主、泾河水和当地地下水为补充的供水单元，形成水量稳定、水质可靠、互备互用的全区城乡供水一体化"大水源"格局。宁夏"互联网＋城乡供水"水厂工程按照"建大、并中、减小"的原则，开展水厂的整合和改造，淘汰水处理工艺不合格水厂，减少规模千吨万人供水规模以下乡镇小水厂，改造、扩建千吨万人供水规模以上水厂，形成规模适配、工艺先进、管理现代的全区城乡供水一体化"大水厂"格局，为宁夏"互联网＋城乡供水"一体化建设提供稳定水源基础。

3.1 ▶ 水源工程在线监测与优化控制

　　稳定水源是城乡供水的首要保障。宁夏"互联网＋城乡供水"依托自治区统一开发建设的城乡供水管理服务平台，对大水源或分散小水源通过联合调度，实现水源优化配置，全面提高水源保障。

3.1.1 水源选择、水量配置与水源保护

1. 水源选择

宁夏以水量稳定、水质优良的黄河水为主要水源，以泾河水和当地地下水为补充水源，建设宁夏城乡供水"大水源"网络，形成了宁夏中南部城乡饮水安全工程、银川都市圈城乡西线供水及东线供水工程、中卫市城乡供水一体化工程、陕甘宁（宁夏盐同红）革命老区供水工程、清水河流域城乡供水工程等6大供水工程和惠农区水源工程、隆德县水源工程等2个独立片区供水工程，利用优质的地表水源对现状地下水源进行全面置换，保护地下水源并恢复地下水位后，将地下水源作为备用水源，具体见表3.1与附图1。

表3.1　宁夏"十四五"城乡供水全区规划"6＋2"分区表

序号	水源工程名称	片区名称	取水水源	供水范围
1	银川都市圈城乡西线供水工程	银川都市圈西线供水片区	黄河水	青铜峡市、西夏区、金凤区、兴庆区、永宁县、贺兰县、大武口区和平罗县
2	银川都市圈城乡东线供水工程	银川都市圈东线供水片区	黄河水	吴忠市利通区、青铜峡市（河东部分以及峡口镇）、灵武市
3	陕甘宁革命老区供水工程	盐同红供水片区	黄河水	盐池县、红寺堡区、同心县及利通区孙家滩农业示范区
4	中卫市城乡供水一体化工程	中卫供水片区	黄河水	沙坡头区文昌、滨河、迎水桥、柔远、东园、蒿川、镇罗、常乐、永康、宣和等乡镇及高铁站；中宁县石空、余丁、宁安、鸣沙、新堡、恩和、舟塔、白马等乡镇
5	清水河流域城乡供水工程	清水河流域供水片区	黄河水	沙坡头区香山和兴仁，中宁县大战场、长山头、喊叫水乡，红寺堡区石炭沟村，同心县豫海、石狮、王团、丁塘、河西、兴隆、窑山等乡镇，海原县，并作为彭阳、西吉和原州区的备用水源
6	宁夏中南部城乡饮水安全工程	宁夏中南部供水片区	泾河水	固原市原州区、西吉县、彭阳县、泾源县
7	惠农区水源工程	惠农独立供水片区	黄河水水库水	惠农区
8	隆德县水源工程	隆德独立供水片区	黄河水水库水	隆德县

宁夏中南部城乡饮水安全水源工程

　　宁夏中南部城乡饮水安全水源工程通过新建调水工程,将水量丰沛、水质好、水位相对较高的六盘山东麓泾河水引至宁夏中南部干旱缺水地区,解决包括固原市原州区、彭阳县、西吉县以及海原县部分地区共44个乡镇、603个自然村,现状122.37万城乡居民饮水安全问题。工程设计流量3.75 m^3/s,多年平均供水规模为3980万 m^3。工程截引点7处,输配水线路总长74 km,新建中庄(总库容2533万 m^3)和秦家沟(总库容560万 m^3)两座水库,加固改造龙潭水库(总库容32.2万 m^3),新建加压泵站3座,沿线布置各类建筑物190座。

　　该项工程彻底改变了宁夏中南部"苦瘠甲天下"的现状,破除水资源瓶颈制约,从根本上解决集中连片贫困地区群众的饮水安全问题。

隆德县城乡供水"大水源""大水厂"建设

　　隆德县位于宁夏南部六盘山西麓,总面积985 km^2,辖13个乡镇99个行政村10个城市社区,总人口18.1万人。全县水资源总量7214万 m^3,而实际利用量仅1500万 m^3。县域内水资源南丰北枯、东多西少,资源型、工程型、水质型缺水并存。

　　隆德县投资3.93亿元,建成地湾水库1座,铺设饮水管道108.71 km,新建隧洞6座长6.48 km,定向钻越1处1.57 km,泵站6座,各类建筑物438座。

　　隆德县城乡生活供水水源为黄家峡、直峡、清凉、张士、地湾以及余家峡等6座水库,年总供水量为443.9万 m^3。隆德县现状供水水源主要以城乡供水工程连通多座水库为主,以及中南部—隆德县城城乡供水工程,年可引水量200万 m^3。隆德县应用"互联网+"手段,实现县域内的多水源联合调度,提高了供水保障能力。

2. 水量配置

宁夏根据"6＋2"供水片区的划分，调查现状城市和农村人口（含常住人口和户籍人口），并预测其发展变化；根据城市规模、地域特点确定城市和农村居民生活用水定额，调查农村规模化养殖和分散养殖情况；根据水源供水片区的家畜养殖类型、数量和发展趋势预判分析，确定每个供水片区的水量配置。宁夏各分区人口与牲畜发展预测及分类用水定额见表3.2。

表3.2　　　　宁夏各分区人口与牲畜发展预测及分类用水定额

地　区	人口预测/万人	城镇生活/[L/(人·d)]	城镇公共/[L/(人·d)]	农村生活/[L/(人·d)]	牲畜预测/万头	牲畜养殖用水定额/[L/(头·d)]	
						大牲畜	小牲畜
银川	276.3	120	70	70	109.4	55	10
石嘴山、吴忠	250.7	120	60	65	372.3	55	10
沿黄经济带	127.7	100	50	60	156.2	55	10
南部山区	125.3	110	40	55	166.4	55	10
总计	780.0	—	—	—	804.3	—	—

3. 水源保护

水源保护工作由生态环境部门牵头，水利、农业农村、发展改革、财政等部门联合当地政府按照水域地保护相关标准要求，对水源保护区进行划定，清理保护区内污染源，设置围栏，配套自动监测设施和视频监控系统等。

"十三五"期间，宁夏对一级水源保护区实施封闭管理，禁止建设与供水无关的工程项目，对二级水源保护区和准保护区内实施有效管理和控制，对保护区内村庄等已有水源污染风险源进行搬迁，水源地建成后，要求一级保护区和二级保护区内农业生产严禁使用任何化肥和农药，从源头杜绝人为污染，确保水源地水质安全。

"十四五"期间，宁夏规划对全区城乡供水的322处水源地配套水质自动监测、自动监控设施1222套，建设水源防洪、山洪沟治理工程160处，生活垃圾、污水治理322处，保护区围栏1560 km，警示标志680处，防护林及水土保持1700 hm²，修建应急抢修道路720 km。

3.1.2 水源在线监测与自动控制

（1）地下水源在线监测与自动控制。地下水源一般是在水质优良、水量稳定的区域建设多座机井或大口井，形成井群作为供水区域的供水水源。为确保地下水水源工程在互联网环境下安全生产，对水质、水位、出水流量、出水压力、潜水泵工作状态以及水源地周边生态环境等内容实施在线监测，并实施井群联合调度。地下水源在线监测示意如图3.1所示。智能水泵在设定压力下不间断输配水。调度中心根据水泵状态、管道压力、输配水流量、动静水位等远程启闭水泵。智能水泵控制柜按照预设逻辑现地闭环控制自动运行。当井水位高于设定水位且管道压力正常时，开启水泵；当井水位低于设定水位时，系统告警；当井水位低于水位最低点时，系统告警并关闭潜水泵。

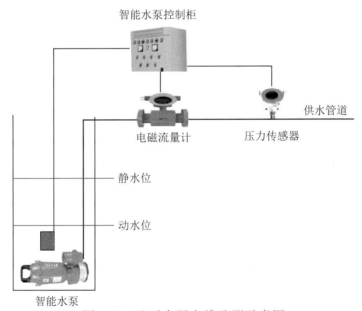

图3.1 地下水源在线监测示意图

清水河流域城乡供水工程（地下水源监测）

清水河流域城乡供水工程涉及沙坡头区、中宁县、红寺堡区、同心县、海原县、彭阳县、西吉县和原州区全部区域共计3市8县（区），供水设计多年平均引水量6216万 m^3，供水总人口210.37万人。工程共布置20眼辐射井、20眼管井，形成井群向项目区供水。工程输水管道总长

196 km，新建加压泵站 4 级，总净扬程 619 m，新建调蓄水池 7 座，新（扩）建水厂 9 座，制水能力 20 万 m³/d。

工程设计中为确保水源安全，对水源首部的 40 眼水源井配套安装了水质、水量、水位、视频等信息自动化设施设备实现远程监控。为了实时监测生态状况，选取了 4 个有代表性的辐射井，在水井两侧建立采集断面，监测两侧地下水变化情况，保证取水不对生态产生影响。计划每个辐射井建立 4 个监测点，形成地下水面线。系统在每个辐射井处建设土壤墒情监测点，实时监测辐射井周边土壤含水量，每个井配置一个土壤水分监测仪。

（2）地表水源在线监测与自动控制。与地下水水源地一样，遵循"互联网＋"安全运行要求，对地表水源要加装在线监测与自动控制设施，在取水口、引水工程、调蓄水库及其进出水建筑物对水质、水位以及水源地周边环境进行在线监测，对水源保护范围进行安防监测，杜绝偷排污水及其他污染水源行为；对引水管道、渠道的水位、压力、流量等进行在线监测。地表水在线监测结构如图 3.2 所示。系统中监控中心通过软件平台远程在线监测地表水水位、水质变化情况，安防视频具有监视和录像回放功能。

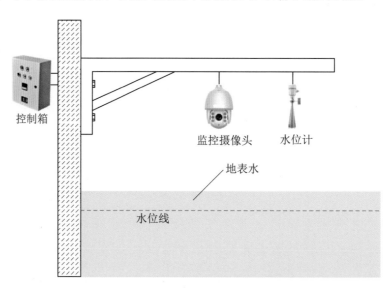

图 3.2　地表水在线监测结构图

银川都市圈城乡西线供水工程（地表水源监测）

　　银川都市圈城乡西线供水工程涉及青铜峡市、永宁县、西夏区、金凤区、兴庆区、贺兰县、大武口区、平罗县等3市8个县（区），输水工程多年平均引水2.96亿 m³，设计供水人口264.84万人。工程建设输水线路总长144 km；新建黄河取水泵站1座，改造利用西夏水库1座，库容3303万 m³，新建水库2座，新（扩）建水厂4座，处理规模74万 m³/d。

　　自动化监控系统的控制包括泵站水泵、电动机组的起/停控制、流量监测、振摆监测、水库阀/闸门控制等。监测对象主要为泵站、汇流池及阀井、输水塔等。

　　阀门状态监测包括阀门全开、全关、远方/现地、阀门故障等。

　　水量监测包括进出水库管道流量、流量调节阀井流量等。

　　开度监测包括输水塔闸门开度、流量调节阀开度等。

　　在末端汇流池以及沿渠道重要部位（险工险段、与公路交叉处、隧洞、拦洪库）安装视频摄像头，并接入就近管理所，通过在管理所布置视频服务器，对所管辖的泵站、水库、闸站等进行统一管理与视频监视。

隆德县级饮用水水源地水质自动监测站

　　2019 年，隆德县规划建设了黄家峡、清凉、张士、直峡4座集中式水库水源地水质自动监测站，每座监测站均选用固定式站房，并配置有水温、溶解氧、pH、浑浊度、电导率、高锰酸盐指数、氨氮、总氮、总磷等监测设备，采取每小时自动从库区采水样监测分析水质，可实现对控制断面水质指标的实时自动监测，监测数据实时传输和远程控制至自治区生态环境监测中心，可及时掌控饮用水水质状况，为区域水源保护和水污染防治工作提供决策支撑。

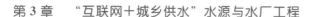

3.1.3　水源连通优化调度与联合控制

水源连通是"互联网＋城乡供水"提高供水水平的一项重要技术保障。宁夏全域已规划布局了城乡供水"6＋2"大水源工程，优先使用水量稳定、水质良好的地表水水源对地下水水源进行替换；对于不具备新建独立大水源的区域，通过多座水库的连通提供稳定的水源保障。在大水源建设规划中，全区通盘考虑，不局限于行政区划边界，实现县县连通、水源互通，达到地表水—地下水和地下水—地下水的水源连通，调度互济。固原市原州区通过宁夏中南部城乡供水大水源对原有分散水源进行了全面替换，在固原市西郊新建大水厂，与固原市南郊水厂供水主管道相互连通，通过信息化调度平台对两个水源进行相互切换调度和联合调度，以双水源提升本区域城乡供水保障能力。

在大水源覆盖不到的区域，如隆德县，按照优化水资源配置格局，连通县域内 7 个小流域水网，将承担城乡生活供水的黄家峡、直峡、清凉、张士和地湾以及余家峡等水库进行连通，利用信息化调度平台对水库群联合调度，提高水源的供水保证率。

3.2　水厂工程在线监测与自动控制

3.2.1　水厂水质水量在线监测与自动控制

水厂水质水量在线监测与自动控制技术相对成熟，"互联网＋"技术对此链条的科技赋能主要体现在提升水厂水质水量运行设备的在线监视、控制、报警、数据计算与存储、调度通信等功能的可靠性上，分为设备层、采集控制层和监控指挥层。

设备层的"互联网＋"赋能提升要求对现场多参数水质监测仪、电动阀门、流量计、压力计、水位计等进行可靠性升级，实现对水源水质、进厂流量、蓄水池水位、清水池水位以及出厂压力、流量、水质等参数的实时监控。采集控制层要求通过工业级信息传输网络，配合高性能、高可靠的可编辑逻辑控制器（PLC），实现对水厂水质、流量、水位、压力等参数在线监测的采集传输、自动控制和传输上报。监控指挥层负责全面监控水厂的设备运行状态、工艺流程和告警信息,必要时对供水设施设备进行实时远程控制。

水厂控制要实施现地站、中控站和远程结合的控制调度方式。现地控制优先级最高,设就地和遥控两种方式,与水厂中控室的控制优先权按"申请优先"方式,无扰动切换。水厂中控室负责人机交互接口与工业控制系统及全厂管理网系统连接,操作人员可对现场控制站、设备控制单元、中央监控计算机进行操作维护。远程调度中心提供专网访问水利云平台,以及对业务应用系统远程调用和操作管理的权限,实时显示监测点流量、压力、水位、阀门开度、电量,对监测数据分析判断,必要时远程控制水厂生产。水厂水质水量在线监测与自动控制系统如图 3.3 所示。

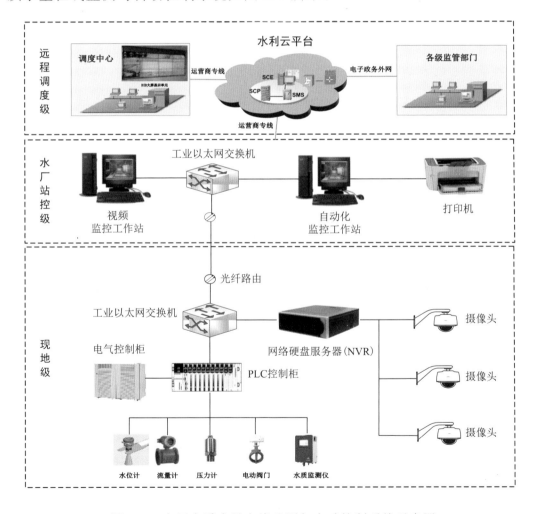

图 3.3　水厂水质水量在线监测与自动控制系统示意图

3.2.2 水厂泵站机组在线监测与联合控制

水厂泵站机组在线监测与联合控制的功能提升，是"互联网+"赋能城乡供水技术升级的一个关键点，该技术的实现全面遵守《泵站计算机监控与信息系统技术导则》（SL 583—2012），在线采集每台水泵启停状态、运行时间、工作电流、工作电压、电能以及采集配电室设备的开关状态、总电能等功能，在线监视水厂大门、制水车间、泵房、消毒间等重要区域，支持水泵机组手动与自动控制、远程结合的水泵机组设备启停控制，支持电流过载、水位过低、压力过高保护以及控制柜、配电室故障和人员侵入报警，是"互联网+城乡供水"关键节点少人值班、无人值守的重要环节。

泵站机组的联合控制是一个完整的分布式、实时过程控制系统，正常运行方式下，由泵站主控计算机自动控制整个系统。站级计算机控制系统作为一个泵站内自控节点，通过通信线路与调度网络结合在一起，完成对泵站各设备运行状态、电力参量、报警信息等的监测。水厂泵站机组在线监测与联合控制系统如图 3.4 所示。

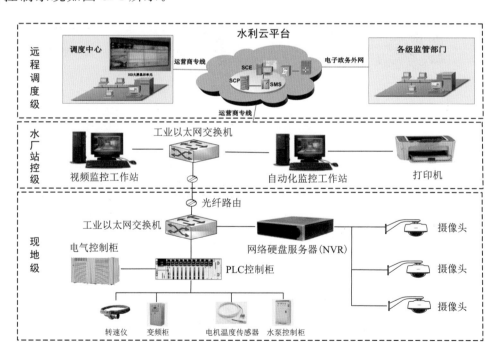

图 3.4 水厂泵站机组在线监测与联合控制系统示意图

3.2.3 水厂清水池在线监测与联合调度

水厂清水池在线监测与联合调度系统是为实现供水过程中清水池的自动化运行而设置的，是泵站与清水池联合调度的关键。泵站与清水池自动运行通过清水池水位出发，由水位传感器、管道压力传感器、流量计和泵站 PLC 控制系统联合控制阀门、水泵的启停。

水厂清水池联合调度是按自逻辑与联合调度结合方式自动运行，分如下三种工况：①发生停机时，水泵停止供水，此时泵站前池还在进水，当前池的水位≥设定最高水位值时，清水池进水阀关闭。②正常运行时，当清水池水位≤设定正常水位值时，进水阀打开；当清水池的水位≥设定最高水位值时，进水阀关闭；当清水池的水位≥设定最低水位值及水泵启动水位，泵站机组打开；当清水池的水位≤设定最低水位值，取水泵站机组开启，输水泵站机组关闭。③发生事故时，当出口管道压力值大于管道压力承压值或管道压力监测值锐减，甚至为 0 时，水泵关闭。

水厂加压泵站与水池联动控制逻辑如图 3.5 所示。

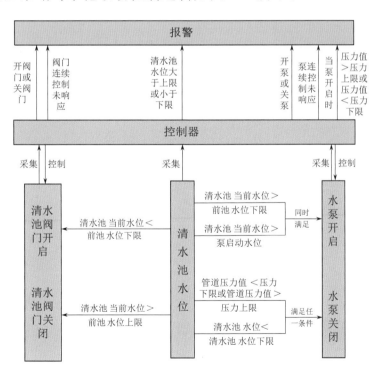

图 3.5　水厂加压泵站与水池联动控制逻辑图

3.3　调蓄水池在线监测与智能控制

3.3.1　调蓄水池在线监测

供水水源经水厂净化水质后，通过输配水管线供向用水户，输配水管线穿越山丘与低谷，高差大且变化多，合理布置调蓄水池可起到调节输配水管道压力、储存一定水量的作用，增加供水系统冗余，提高供水保证率。

根据"互联网＋"升级要求，调蓄水池需安装在线监测设备，对蓄水池水位、水质、进出水流量进行实时监测。监测系统由水位传感器、多参数水质监测仪、电动阀门、视频（容积较大的调蓄水池）、无线采集控制器以及网络传输设备组成，无线采集控制器分别对调蓄水池的水质、水位等参数进行在线监测和实时采集，并通过通信网络（GPRS/4G/5G 等）传输至调度中心，对水质、水位状态进行在线预警和报警。考虑到调蓄水池一般布设在野外，其供电方式可考虑采取风光互补的太阳能供电。调蓄水池在线监测系统结构如图 3.6 所示。

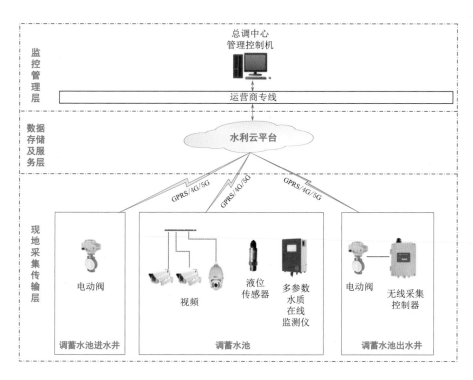

图 3.6　调蓄水池在线监测系统结构图

3.3.2 调蓄水池智能控制

"互联网＋城乡供水"系统要求独立调蓄水池也要实时自动控制，在进水口和取水口安装自动控制水泵、自动控制阀门或自动控制闸门，同时具备现地控制、自逻辑控制和远程控制功能。

调蓄水池的自动控制与水厂清水池相仿，主要由水池水位自逻辑控制，分三种情形：①设定独立蓄水池进水管道压力限值，当进水管道压力达到限值时，系统自动关闭上游水池出水阀门；②设定蓄水池水位高低限值，当蓄水池水位达到设定最高限值时，系统自动关闭进水管道阀门，当蓄水池水位达到设定最低限值时，系统自动开启进水管道阀门；③设定下游水池进水管道压力限值，当进水管道压力达到最大限值时，系统自动关闭独立蓄水池出水阀门；当进水管道压力达到最大限值时，系统自动关闭独立蓄水池出水阀门；当因季节等原因导致需水量改变时，可通过调节蓄水池水位上下限调整蓄水池的蓄水量，避免蓄水时间过长，导致用水浪费。如遇特殊原因需水量突然增大，可通过蓄水池间的联合调度，减少其他地区蓄水量，满足当地供水，实现全局调控。对于阀门状态异常现象，要及时通知现场管理人员前去查看，避免水毁水损。独立蓄水池控制逻辑如图 3.7 所示。

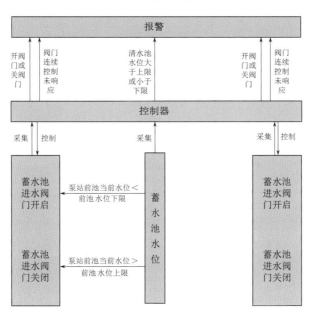

图 3.7 独立蓄水池控制逻辑图

第 4 章

"互联网＋城乡供水"
管网与入户

宁夏"互联网＋城乡供水"管网工程不断延伸、联网，应用智慧技术，改造泵站、调蓄水池、输配水，布局合理、相互补充、调度自如，形成城乡打通、县县连通、区域互通的城乡供水"大水网"格局。入户工程通过改造低标准联户水表井供水设施，更换、改造和逐步淘汰机械水表、不具备远传功能的磁卡水表，优先使用具备远程数据采集、实时监测、后台分析等功能的智能水表，形成工程网、信息网、服务网等"三网到户"的城乡供水一体化"大服务"格局。

4.1 ▶ 管网工程改造与自适应优化控制

城乡供水管网体系线路长、分布范围广，区域内地形地貌多样、环境复杂、分支节点多，对管网运行维护管理要求很高，是城乡供水工程长期以来运行管理的共性难点。宁夏"互联网＋城乡供水"借助物联网，采用先进可靠的计算机技术、网络通信技术、自动化监控和传感器监测技术，通过现地监测站点的建设，对供水管网运行情况进行正确预估和分析，对超计划用水、突发供水量变化及漏水事件进行及时处理。

4.1.1　管网连通及提标改造

"十三五"期末，宁夏各县（区）农村供水村级以上管网 2.6 万 km，村内管网 5.4 万 km（不含入户管道），管径在 40～500 mm 之间，主要为 PVC 管道，部分是 PE 管或球墨铸铁管。由于部分工程修建较早，建设标准低，漏损率高，维修养护困难。还有部分供水管网水源不稳定、水量不足，不能满足供水要求。"十四五"期间"互联网＋城乡供水"示范省区建设需对此进行提升改造。

按照宁夏"互联网＋城乡供水"示范省区建设实施方案，现状供水管网需根据水源替换或调整后的新布局架构，对标新供水定额、压力、信息网及服务网建设需求，复核管道供水对象及相应的管道能力需求，基本考虑如下：

（1）若通过大水源替换后，原管道不再承担供水任务的，原则上应保留现有管道为备用或将管道在其他工程项目中利用，若废弃应充分论证。

（2）若管道需求能力减小或新增能力小于原供水能力 10％以内的，原则上维持现状管道，仅对损毁段进行改造，特殊情况需充分论证。

（3）若新增流量超原设计流量 10％以上的，原则上应以增量流量设计并管方式改造，特殊情况需充分论证。

（4）若因设计流量增加需更换现有干管、支管的，应有充分理由，并进行方案比选（包括现状管道安全状况、征占地、施工、投资、运行维护等因素）。

（5）村级以上的输配水管道改造应逐条复核过流能力，合理确定更换、改造规模，原则上更换占比应不超过现状的 20％，若有特殊情况应对各改造更换管道进行过流能力复核并进行充分论证。

（6）入村管道的改造应分别选取新老村庄、集中与分散居住村庄、大小村庄等因素，通过典型设计确定入村管道更换、改造规模，原则上改造率应超过 30％，对于今后人口有迁入趋势（如移民新村）的，可适当提高标准，对于用水整体呈递减趋势的，应减少改造或维持现状。

（7）对于入巷管道的改造，应与联户水表井改造和自来水入户改造相结合，一般应控制在 40％以内，若有特殊情况，经充分论证后合理确定。

在宁夏"互联网＋城乡供水"管网联通形成城乡供水"大水网"格局实

践中，做法各有不同。彭阳县依托中南部城乡饮水安全工程管网联通形成"大水源"格局，而隆德县通过联通县域内已有"小水源"形成隆德特色的"大水源"格局。

彭阳县"互联网＋城乡供水"工程管网联通建设

2016 年，彭阳县委托长江勘测规划设计研究院，编制《彭阳县"互联网＋饮水安全"实施方案》，提出将全县农村供水工程整合为"1 个大水源、2 座水厂、3 个片区"的城乡一体化供水体系。基于宁夏水利云和"水慧通"平台，运用水联网理论与技术，将 7109 km 管网、45 座泵站、92 座蓄水池、7466 座联户表井、4.3 万块智能水表联网，实现了供水管网系统的 24 小时自动化运行和精准管控。

隆德县"互联网＋城乡供水"工程管网联通

隆德县水资源总量 7214 万 m^3，可利用 3880 万 m^3，人均可利用水量仅 218 m^3。全县建成小型水库 40 座，总库容 9002 万 m^3。隆德县水资源"南多北少，东多西少"，资源型、工程性缺水并存。为破解水资源供需矛盾，隆德"东水西用，南水北调"，调水引流，建新改旧，实现了境内水系库坝联通、联蓄、联调、联用，构建了"南水北调、丰枯补剂"的水资源合理配置体系。其中：

县城乡供水工程联通了庄浪河、甘渭河、朱庄河、渝河、好水河 5 条水系以及沿线的地湾、前河、桃山、罗家峡、三里店、三星等 16 座库坝，年调引水量 190 万 m^3。

渝河流域山水林田湖草综合治理库坝及供水管网工程联通了渝河流域内的三里店、罗家峡、打食沟、清泉、庞庄、华沟、高坪、东光、李太平、剡坪等 10 座水库，新增供水量 258 万 m^3。

温堡灌区水源联通及高效节水改造工程联通了甘渭河流域桃山、吊岔、田柳沙、温堡、杨堡、杜川等 6 座水库，新增供水量 78 万 m^3。

4.1.2　管网监测与数据采集

管网监测是"互联网＋城乡供水"管网安全与自适应控制的基础，要在管网系统的重要节点和敏感管段布设自动在线监测设施，实时监测管网的压力、流量、变形及其他工作状态。自动化感知体系实施监测与信息采集，对获取的数据进行归集处理，通过管网定点压力监测和流量分区计量，可准确把握供水管网的运行状况，及时预警爆管等管线安全问题。

管网监测点的布设应依据《村镇供水工程设计规范》（SL 310—2019）的相关规定，向多个村镇供水时，出水厂总管、入村（或乡镇）的干管应布设压力表和流量计，每个入村（或乡镇）的干管布设流量监测总表，干管分水口、入村管道应布设流量计监测流量。通常情况下，城乡供水管网具有点多、面广、线长的特点，全面布设压力和流量监测的成本较高，可采取压力—流量耦合互补的布设方式，合理优化监测点的布设，所有监测点均应满足 24 小时实时监测，并通过无线通信系统即时传回监测数据。

一般情况下，供水管网监测布局要求见表 4.1。

表 4.1　　　　　　　　供水管网监测布局要求

管网类型	遵　循　要　求
城市供水管网	将县（区）域内的供水管网按照 3000～5000 户，或按照乡镇、行政村等划分成若干个独立区域，并在每个区域的进水管和出水管上布设电动蝶阀、超声波流量计、压力传感器等设备，通过开合电动阀门，对各个区域入口流量与出口流量进行监测，通过对流量分析来定量漏损水平
	干管上若两分水口监测点布设距离过长，应在合适位置布设压力监测点
	干管在有过深沟、爬坡、大管径管道交叉处布设压力单控点
农村供水管网	干管与支管分水口处布设电动阀、流量计、压力传感器监控点
	入行政村处考虑布设电动阀、流量计、压力传感器监控点
	入较大的自然村处考虑布设电动阀、流量计、压力传感器监控点
	干管上若两分水口监测点布设距离过长，应在合适位置布设压力监测点
	干管在有过深沟、爬坡、大管径管道交叉处布设压力单控点

管网的数据采集应满足随机自报和定时自报要求，既能在监测参数发生增减量变化且与上次发送数据时间间隔很短时，自动向数据中心发送数据，也能根据设定的时间不论参数变化与否采集和报送数据。调度中心的数据接收设备应始终处于值守状态。

供水管网压力、流量的自动监测和快速采集传输，可实现对重要分水节点的供水在线监测，对供水和调水情势进行正确预估和分析；监测系统的报警功能，当压力、流量异常时，系统将向控制中心自动报警提示处理，紧急事件得以及时处置。根据各类实时数据，可在调度中心实现对电动阀门的自动化控制。数据传输应符合《宁夏"互联网＋城乡供水"数据规范》及相关数据安全传输管理要求。

4.1.3 管网自适应优化控制

管网自适应优化控制是指针对管网运行中可能遇到的正常、非正常工作状态，做出准确预判并做出自动调整，以适应和控制管网工作状态，保证管网安全。

自动化控制设备主要是流量传感器、压力传感器、电动阀门等，配套RTU测控终端通过通信网络（GPRS/4G/5G等），对流量信号（RS485通信、MODBUS-RTU协议）、电动阀（阀门开关阀）、压力传感器（4～20mA模拟信号）等数据进行传输。

优化控制采用分区计量与因地制宜相结合的控制技术，在城市主管与支管分水口进行独立计量分区监测（DMA分区），布设电动阀、流量计、压力传感器等设备，对供水管网支管水量及水压进行在线监控；在农村管网因地制宜，将管网优化布设与监测优化布设相结合，比选最佳控制方案。技术条件允许时，可借助BIM做数字孪生的优化设计。

独立计量分区监测（DMA分区）

独立计量区域（District Metering Area，DMA）即分区管理，是控制城乡供水系统水量漏失的有效方法之一，由英国水工业协会于1980年初提出。DMA被定义为供配水系统中一个被切割分离的独立区域，通常采取关闭阀门或安装流量计，形成虚拟或实际独立区域，通过对进出这一区域的水量计量和分析来定量泄漏水平。DMA 对降低小区内供水设施的漏损，实行长期持续地监控，具有非常重要的意义。

通过对供水管网实施 DMA 分隔，通过进出每个区域的流量监测，可以快速识别和定位管网破损程度及位置，精确评估区域漏损水平。同时，通过管理 DMA 的压力，使供水管网以最优化压力运行。

管网自适应优化控制主要包括如下内容：

（1）管网监测大数据整理。管网监测大数据的整理是发现管网异常的基础。通常，数据应满足完整性和合理性要求。否则，可视为供水系统异常，触发预警。完整性检查根据数据的理论与实际数据，如流量、压力等，从合理范围和相邻衔接两个方面检查。一般情况下，水位应保持在最高最低水位之间，逐日逐时流量、压力、水位过程线应连续。

（2）管网异常监测与判定。管网的异常监测与判定需先确定管网的正常状态阈值，分析整编后的供水管网运行监测数据并结合供水管道管径材质等工程数据，对管道运行的历史数据和实时监测数据进行对比，确定正常状态阈值，建立管道爆管的判定标准，以便当异常流量或压力值出现时，可快速准确地判断管网漏损或爆管。

（3）管网自适应控制动作。管网自适应控制策略：当爆管发生时，智能控制系统通过管网的拓扑结构、各节点流量和压力以及用户用水量的综合计算，给出对于整个供水系统影响和损失最小的爆管的阀门关闭策略，保障供水率。

分区计量供水漏损控制策略：智能控制系统通过模拟仿真，计算管网节点压力、管网供水分界线、管网等压线等供水水力状况，在 DMA 分区协调框架下，控制各供水区域间阀门进行管网漏损控制，减小整体影响。

分压分时分量供水控制策略：选择具有代表性的管网采样点或供水最不利点，设置压力传感器，采集采样点的压力反馈值，上传至水厂水泵机组的压力调节装置，调节水泵机组转速，实现用户端管网压力的可控。

管网安全自适应技术提高系统供水稳定性

彭阳县通过管网安全自适应技术的应用，解决了管网漏损"缺人管"的难点。依托宁夏"水利云"和"水慧通"公共平台，运用水联网核心技术，新建流量、水位、压力、水质等数据采集点3.94万处，实现了2500余km主管网和全部工程设施24小时自动运行、精准管控，管理人员由90人减少到40人，供水保证率达到96％。

彭阳县通过"互联网＋城乡供水"工程建设，解决"跑冒漏"的痛点。随着彭阳"互联网＋城乡供水"系统的智慧化逐步成熟，4.3万户水表每5分钟传输一次数据，"水利云"随时汇总、分析，管网漏损及时被发现，管水人员2小时内便能到位维修。如今彭阳县管网漏损率从35％降至12％以下，年爆管次数从23次降低到5次，故障定位时间从9小时缩减到2小时，每次维修时间从5天减少到3天以内，供水系统可靠性显著提高。

4.2 ▶ 入户工程改造与全天候伺服响应

4.2.1 入户工程提标改造

入户计量是"互联网＋城乡供水"末端监测的重要部分，也是水费计收管理的主要依据。因此，入户工程布置要保证所有用水户均安装入户计量水表。截至2020年，宁夏全区共配套智能水表209.82万套，其中城市103.61

万套、农村106.21万套（表4.2）。已建水表井多为砖砌体，建设标准低；部分水表井已经坍塌或井盖损坏；水表大部分为机械表，部分水表为IC卡水表，水费收缴以人工收缴为主，效率低，准确度不高，需改造升级。

表4.2　　　宁夏全区城乡供水工程配套智能汇总表（截至2020年）　　单位：套

序号	区域	银川市	石嘴山市	吴忠市	中卫市	固原市	总计
1	城市	435808	188871	255312	66334	89755	1036080
2	农村	213682	55453	304962	205050	282981	1062128
3	合计	649490	244324	560274	271384	372736	2098208

入户工程提标改造主要包含联户水表井的改造及水表的更换。

水表井改造应按照有利于"投、建、管、服一体化"要求，农村水表井以联户表井为主，井内安装水表数量平均按6～8块布置，个别情况下可与入户井结合设单户表井；城市水表井根据具体情况合理确定，一般设在管道井或地下室内。

水表改造应逐步淘汰机械水表、不具备远传功能的磁卡水表，优先使用具备远程数据采集、实时监测、后台分析等功能的智能水表。

入户计量工程中的远传水表

水联网水表是一种物联网无线远传水表，集阶梯水价、阀控、远程抄表、预付费等多重功能于一身。随着智能化仪表不断普及推广，人工抄表费时费力，未来智慧远传水表一定会取代人工抄表，成为智慧水务体系的一分子。水联网水表既是水量计量工具，也会通过用水大数据分析，衍生出用水器具渗漏、社区家庭服务等相关服务功能。

一体式物联网水表：以水表为基表、在基表基础上加装电子单元，具有数据记录、存储，并可直接对外输出表示水表被测水体积的数据信号的水量计量仪表，是集数据计量与采、算、传等功能于一体的水表。

分体式物联网水表：基表和电子单元结构形式分离的物联网水表称为分体式物联网水表，是数据计量与采、算、传等功能为分体的水表。

4.2.2 全时伺服组织结构

长期以来，供水工程城乡二元分割严重，供水服务差距大，与党和国家的要求以及群众期盼的城乡供水公共服务均等化要求还相距甚远，推动供水行业的数字变革和高质量发展成为当务之急。

宁夏对标城乡供水公共服务均等化目标，引入"互联网＋"技术，赋能城乡供水，探索出城乡供水系统入户在线伺服技术，破解了城乡供水"最后一百米"难题，提高了城乡供水保证程度，城乡供水公共服务均等化水平明显提升。

城乡供水伺服体系的总体结构包含"一个核心，三大体系，三项模块"。

一个核心即全域供水入户一体化，以工程网和信息网为基础，科学布局"互联网＋城乡供水"一体化网上营业厅、应急中心以及便民服务端的建设，实现城乡供水"同源、同网、同质、同价、同服务"，推动城乡群众对供水基本需求均等享有，提高群众满意度。

三大体系包括监控体系、传输体系和应用体系。监控体系通过在泵站、蓄水池、管网等部位安装智能设备，对水源、泵站、蓄水池、管网等自动监控、远程监测、报警控制及智能化管理。传输体系通过电子政务外网、运营商专线、4G/5G 网络以及 NB－IoT、CAT1 窄带物联网和卫星、超短波、扩频等技术，将高度分散的管网监测信息传输上来。应用体系按照"统一建设、云端部署、分级使用"的原则，覆盖全区水行政主管部门、供水单位和各级各类用户。

三项模块包括网上营业厅、应急中心和便民服务端。网上营业厅开通微信公众服务平台和政务服务平台，用户可登录客户端自助办理缴费、报修、查询、投诉、建议等业务，实现供水业务在线办理，保证 7×24 小时供水伺服。应急中心针对城乡供水事故的应急处置设立，根据应急预案，建立 7×24 小时值守响应机制，通过网上营业厅和便民服务端的应急模块，提供应急处置服务，高效处置一般事件，有效处置突发事故。便民服务端针对群众满意度问题，以政务公开、便民服务为原则，利用移动应用、智能终端等网络化方式，形成多样、泛在、便捷的惠民服务信息接入渠道，构建自治区、县

（区）二级政府便民服务端，公开城乡供水水质、水价、缴费、水源保护等信息，开通微信、支付宝等手机端支付业务，让群众用"安全水"、缴"明白费"，实现城乡供水掌上管理服务。

"互联网＋城乡供水"伺服入户体系架构如图4.1所示。

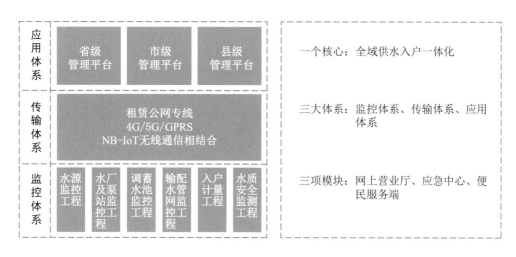

图4.1 "互联网＋城乡供水"伺服入户体系架构

4.2.3 全时伺服实时感知

宁夏"互联网＋城乡供水"工程入户的全时伺服实时感知通过末端系统成套模块实现。该模块用于采集联户表井远传水表的水量数据，是供水系统末端流量监测的重要组成部分，也是水费计收的主要数据依据。物联网水表将采集到的数据通过通信模组上传至水利云平台，平台通过统一的协议与接口实现不同终端的接入，提供连接感知、连接诊断、连接控制等连接状态查询及管理功能，如图4.2所示。扁平化的网络结构，节省网络改造成本，节省综合改造开支。

物联网水表的电子单元（测控终端）需要支持的功能见表4.3。

表4.3 物联网水表的电子单元（测控终端）功能表

序号	功　　能
1	支持 NB-IoT /CAT1 等多种窄带物联通信
2	采集的数据直接上传至"互联网＋城乡供水"管理服务平台，统一接入宁夏水利云
3	支持人工与设备的智能交互

续表

序号	功　能
4	支持实时用水：欠费充值后一键启动用水或半小时恢复正常用水
5	支持定时上传数据、主动实时报警和智能按需上传三种通信模式，正常工况下为 5 分钟采集 1 次数据，24 小时上传一次，特殊工况下，短时采集，实时上传
6	支持可编辑可智能远程升级的边缘计算模型和网络不稳定下的自适应
7	支持加密算法或内置国产加密芯片，保证用户用水数据安全
8	支持存储 30 天以上数据
9	支持实时监测水表电池电量，低电自动报警

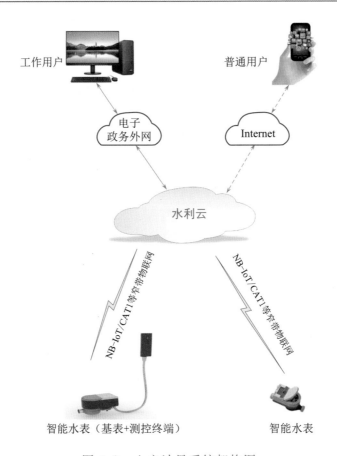

图 4.2　入户计量系统架构图

　　"互联网＋城乡供水"入户系统全时伺服的智能处理包括边缘计算、智能组网和智慧冗余。

　　（1）边缘计算是将监测设备端所产生的数据分类处理，并在采集端就地计算分析后上报，如图 4.3 所示。边缘计算能够解决监测数据与网络传输及云计算资源的爆炸式数据问题。边缘计算通常是通过低功耗低价格专门性芯片完成的。

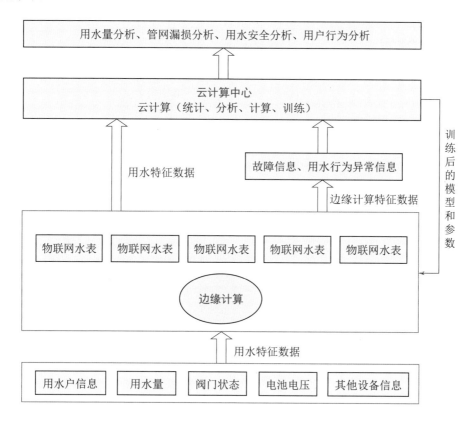

图 4.3　边缘计算特征

（2）智能组网是为了解决众多分散式监测设备与网络通讯的可靠性问题而设计的，由上位机服务器、WEB 应用服务器、数据库服务器、消息队列服务器、流媒体服务器、带 NB-IoT/CAT1 模块的测控终端及基表组成。监测点首次认证接入后，将会自动寻找最佳上位机服务器，保证系统通信可靠。

（3）智慧冗余是系统中的必要备份组件，其可在主组件故障时接管它们的工作。任何对操作至关重要的组件，都可能是阻止整个过程的单个潜在故障点。智慧冗余的组件包含但不限于物理网络、网络适配器/网卡（NIC）、PLC、输入传感器、输出控制设备、服务器软件、物理服务器、电源等。

宁夏"互联网＋城乡供水"工程中的边缘计算

边缘计算中的"边缘"是指从数据源到云计算中心数据路径之间的任意计算资源和网络资源。边缘计算的基本理念是将计算任务在接近数据源的计算资源上运行。

以宁夏彭阳县供水工程为例，以村庄（农村场景）或者居民小区（城市场景）为一个DMA分区，在一个DMA分区内，智能水表终端是系统的边缘计算节点，通过无线网络将用水量、用户信息等特征数据定时传输给管理平台的云计算中心。

云计算中心一个周期内接收DMA分区内所有的智能水表的用水信息统计并分析，形成DMA分区用水分析结果，包括分区用水量对比与趋势分析、分区管网漏损分析、分区用水安全管理分析和用水户行为分析等；云计算中心根据不同的用水场景，通过大数据分析与训练生成对应的模型和参数，并由云端下发到边缘计算节点（物联网水表）；物联网水表根据获得的模型和相关参数，结合自身用水量进行分析判断，并根据判断后的不同场景执行事件报警或者关阀等动作，从而使智能水表具备了边缘计算的能力，使得智能水表的功耗更低，故障响应更及时，对于网络的依赖度更低。

宁夏"互联网＋城乡供水"工程的智慧冗余

宁夏政务云对象存储发布同城冗余存储类型，能够提供数据中心级（可用区级）的容灾能力，当断网、断电或者发生灾难事件等极端事件导致某个机房（可用区）不可用时，仍然能够确保继续提供强一致性的服务能力，可以满足关键业务系统对于"恢复时间目标（RTO）"以及"恢复点目标（RPO）"等于0的强需求。

政务云OSS冗余存储采用"6＋6"的纠删码，将12个数据块冗余打散分布于3个可用区上，每个可用区存在四个数据块，"6＋6"的纠删码机制最大可以允许损坏或丢失 6 个数据块。当某个可用区（或机房）遇到极端情况导致整个可用区不可服务时，只会影响 4 个数据块，不会影响业务的连续性和数据的可靠性。整个故障切换过程用户无感知、业务不中断、数据不丢失。

政务云 OSS 冗余存储采用了强一致性的模型，确保数据完全一致，无过时读取。另外，为了确保整体的读写能力，同可用区之间提供了 Tbps 级别的带宽，让数据流快速畅通，每个可用区之间确保足够的距离，最大限度降低区域累计灾难风险。

4.3 水质在线监测与应急处置

城乡供水管网水质监测是指对水厂之后的下游供水管网及调蓄水池布设水质在线监测点，与对不同供水片区的入户水质定期抽检结合，对水质在线监测发现的突发水质异常情况，实施预报、预警、预演、预案等"四预"处理。

4.3.1 管网水质在线监测

为解决城乡供水输配水管网水质保障问题，宁夏在"互联网＋城乡供水"项目建设中对输配水管网水质安全监测采用"线上＋线下"相结合的模式。县级每个片区按照每 15～20 km，在主管网上的调蓄水池或加压泵站安装水质在线监测设备；入村管网在村头的调蓄水池由供水单位确定水质取样点，供水单位每月定期取样监测，同时县卫健委每季度进行现场取样监测。

管网工程水质在线监测内容包括浑浊度和消毒剂余量，可增加酸碱度（pH）、电导率、水温和色度等指标，并实时上传到水质监管平台。

管网水质在线监测点布局应符合以下要求：

（1）监测点位置和数量应保证准确、及时、全面地反映管网水质。

（2）在供水干管、不同水厂供水交汇区域、较大规模加压泵站等重要区域或节点应设置在线监测点，管网末梢可根据需要增设在线监测点。

（3）监测频率应满足水质预警要求。其中，浑浊度和消毒剂余量监测不少于 4 次/小时。

根据供水服务人口，建议的监测点布设数量见表 4.4。

表 4.4 管网在线监测点布设数量

管网类型	供水服务人口/万人	监测点数量/个
主干管网	<50	>3
	50～100	>5
	100～500	>20
	>500	>30
管网末梢	<1	>1
	>1	每 1 万人布设 1 个监测点

管网水与末梢水检测浑浊度、菌落总数、总大肠菌群、消毒剂余量、色度、臭和味、耗氧量等指标，每月检测两次。水源水、出厂水、末梢水的检测指标和频次应符合有关标准的规定，并加强生态环境部门、卫生健康部门和水行政主管部门水质检测数据的共享应用。

4.3.2 入户水质监测

入户水质监测的对象一般是各片区末端距离水厂 20 km 以上的村庄，供水单位和县级卫健委定期到用户家中现场取样，同时按照供水区域远近合理布置取样点。对确定的取样点分批次轮流更换，检测结果及时向用户公布。

供水单位对用户端的检测实施定期自检和随机抽检。定期自检包括色度、臭和味、浑浊度、肉眼可见物、总大肠菌群、消毒剂余量等指标。随机抽检中，农村供水水质由供水单位对入户自来水分区抽检，城市供水水质由城市供水水质监测站进行抽检。此外，县级卫健委检测中心按照上级规定对管网末梢水和入户水质抽检菌落总数、色度、浑浊度、pH、铁、锰、铜、铝、阴离子、硫酸盐、氯化物、氨氮、氟化物、氰化物、挥发性酚类、三氯甲烷等指标。

4.3.3 管网与入户水质应急处置

为应对水质突发事故，宁夏各县（区）均已建立了本县域水质突发应急预案，利用"互联网＋城乡供水"管理服务平台对各片区实时水质监测数据进行分析预测，及时推送至各县（区）水务部门和供水企业管理人员。

管网和入户水质应急突发事件一般按照性质、危害程度和影响范围等因素，从低到高分为一般、较大、重大和特别重大等4个级别。

供水突发事件发生后，有关政府部门和供水单位立即启动相关预案的应急响应，按照供水应急预案及时报告并采取先期处置控制措施，各县（区）应急处置指挥部组织、协调、动员应急力量妥善处置，对事件的性质、类别、危害程度、影响范围、防护措施、发展趋势等评估上报，采取有效措施控制事态发展，严防衍生灾害。

不同级别应急突发事件分级响应

一般供水突发事件（Ⅳ级，1000户以上、5000户以下居民连续停水24小时以上）：由事发地主管部门启动应急响应，组织调动事发单位、应急救援队伍和资源进行协同处置。根据实际需要，有关部门（单位）启动部门预案进行应急响应，配合处置。

较大供水突发事件（Ⅲ级，5000万户以上、1万户以下居民连续停水24小时以上）：由县专项应急指挥部办公室提出建议，报县专项应急指挥部副总指挥批准启动应急响应，组织调动事发单位、有关部门，以及供水等专业应急救援队伍和资源进行协同处置。

重大供水突发事件（Ⅱ级，1万户以上，2万户以下居民连续停水24小时以上）：由县专项应急指挥部办公室提出建议，报县专项应急指挥部总指挥批准启动应急响应，组织调动事发单位、县人民政府，以及县综合、专业、志愿者应急救援队伍和资源进行先期处置。

特别重大供水突发事件（Ⅰ级，2万户以上居民连续停水48小时以上）：由县专项应急指挥部提出建议，报县人民政府主要领导批准启动应急响应，组织调度全县应急救援队伍进行先期处置。

第 5 章

"互联网＋城乡供水"云服务平台

宁夏"互联网＋城乡供水"运行维护云平台依托宁夏政务云中心水利云、电子政务外网、"宽带宁夏"等公共资源的应用和供水工程信息网的建设，建成集监测、调度、运行、控制、维养、缴费、服务、应急于一体的供水管理服务平台，实现供水工程设施设备远程监控、运行调度和事故控制，以及面向政府、企业和用水户的多方面云服务集成。

5.1 ▶ 云网端台条件保障平台

"互联网＋城乡供水"中的"云、网、端、台"是指政务云、互联网、用户端和管理服务平台。在城乡供水过程中，用水户通过终端接入网络，向城乡供水"云"提出需求；"云"接收请求后组织资源，通过网络为广泛的各类"端"提供服务；应用程序在云端服务器集群运行，提供全时在线服务，支撑城乡供水过程中的各项决策及自动运行。

5.1.1 云服务平台总体架构

1. 总体目标

宁夏"互联网＋城乡供水"信息化工程基于宁夏已有的政务云、水利云、"我的宁夏"APP、水慧通平台等公共平台，建设宁夏"互联网＋城乡供水"管理服务云平台，完成供水管理服务环节中各方提供数据的存储计算、数据共享和应用集成，实现为城乡供水一体化提供云支撑的总体目标。

2. 设计原则

按照《宁夏"十四五"城乡供水规划》整体框架，业务应用整体设计利用权限管理进行分级应用，业务应用整合至公共平台，建设统一的专题数据库并提供开放的数据接口；其中管理服务系统部署于"政务云"之上，应用系统与水利数据中心及其他业务应用系统互联互通，实现信息共享，部分公共信息发布、简单数据交互及移动端服务均部署在互联网中。

3. 总体架构

系统业务架构包括物联感知层、基础设施层、数据资源层、业务应用层、用户服务层、标准规范与管理制度、安全与运维保障体系，如图 5.1 所示。

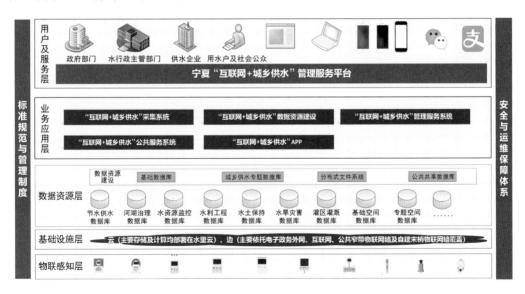

图 5.1　宁夏"互联网＋城乡供水"云平台总体架构

4. 业务应用

"互联网＋城乡供水"云平台业务应用系统遵循"顶层设计、统一标准、重点先建、全局整合、资源共享"的建设理念，充分利用在线监控、自动控制、智能分析、数据集成等信息化技术，加强从"源头到龙头"基础与运行数据集成，提升城乡供水监测预警分析能力，提高城乡供水管理效能与服务水平，以提供便捷的供用水服务。

系统按照省、市、县三级统一建设分级使用的模式规划建设，包括全景监测、三级预警、分区联动、自动控制、水量计量、水费收缴、供水"四预"（预报、预警、预演、预案）、均等服务等内容，涵盖了采集、控制、管理、服务、共享、均等等方面，是供水系统的云服务平台数字孪生。业务系统流程如图 5.2 所示。

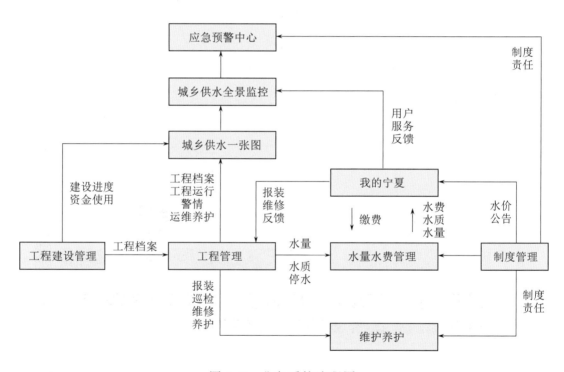

图 5.2 业务系统流程图

5.1.2 全链条在线监测采集

"互联网＋城乡供水"的信息采集布设在供水工程生产运行全链条的各个环节，基于政务云平台，通过建立开放、共享的水联网架构体系，推动各部门各单位按照统一的标准应用水联网技术，实现供水管理监督、信息资源共享和业务协同，实现多水源供水一体化、水资源配置一体化、水资源管理一体化，提高建设、管理与水联网应用的集约化和规模化水平，形成统一管理与统一运营维护，逐步实现城乡供水"同源、同网、同质、同价、同服务"。

"互联网＋城乡供水"采集系统结构及全链条自动监控采集示意如图5.3和图5.4所示。

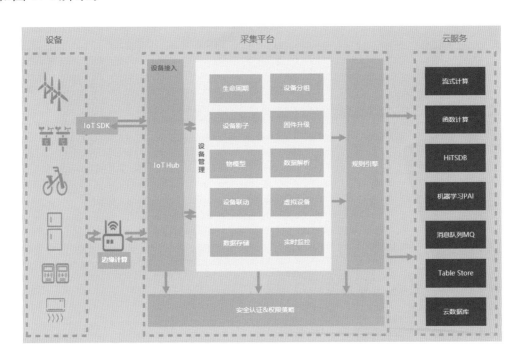

图5.3 采集系统结构图

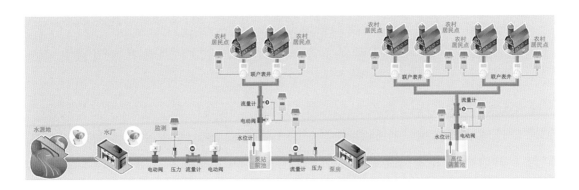

图5.4 全链条自动监控采集示意图

1. 数据采集

"互联网＋城乡供水"自动化测控体系利用无线物联网技术，结合计量设备、管道压力传感器、水位计、水质传感器、视频监控等措施，实现从水源

71

到龙头供水全生命周期的自动化安全运行和多级供水设施设备联合自动运行，各级泵站的自动化调度和无人值守。水源地、调蓄池等重要节点实时监测供水过程中的水量水质等情况，并辅以智能视频监控捕捉人为事件。除水厂外，其他各类监测点均采用物联网设备无线传输，数据全部上传至物联网云平台上，采集数据类型见表5.1。

表5.1　　　　　　　　　"互联网＋城乡供水"数据采集内容与方式

采集数据类型	数据内容	采集与上传方式
水源地数据	地表水和地下水水源地运行管理所需数据	数据实时采集，采集频率5～15min；数据实时上报，上报频率与采集频率一致
水厂与泵站数据	配电系统、水泵、机电设备、取水流量、压力、水质监测数据	
蓄水池数据	远控阀门、水量、压力监测数据	
输配水管网数据	水量、压力、水质监测数据	
入户计量数据	水表的水量、运行状态、信号强度等数据	按不同场景和响应等级主动上报、智能上报或定时上报
业务生产数据	公共类、基础类、业务管理类、公众服务类和统计类等数据	参考《宁夏"互联网＋城乡供水"数据规范》

2. 数据处理

"互联网＋城乡供水"数据处理包括整理入库、信息共享和计算应用。

（1）整理入库就是将数据整编入库，包括入基础数据库和专题数据库。基础数据库存储与供水工程相关的基础性数据；专题数据库存储支持城乡供水工程信息化体系的业务数据，由从基础数据库中映射的数据视图和自身业务需要建设的数据库表构成。专题库在逻辑上相互独立，在物理上与基础数据库、管理数据库统一存储在数据中心的数据库中。专题数据库与业务系统通过一般数据服务进行数据访问、交互、更新。内容包括基础数据的映射、业务数据库、系统管理数据库、公众服务数据库及共享数据库。

（2）信息共享包括内部资源共享、行业纵向资源共享以及横向资源共享。内部资源共享是水利基础数据在各部门和供水单位之间的合理共享，避免重复采集、重复存放和重复加工，各部门便捷访问和获取公共数据及其需要的其他部门的专有数据；行业纵向资源共享是加强上下级单位的水利信息、数

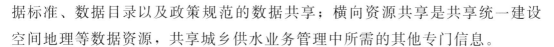

据标准、数据目录以及政策规范的数据共享；横向资源共享是共享统一建设空间地理等数据资源，共享城乡供水业务管理中所需的其他专门信息。

（3）计算应用是通过推动云计算的能力向边缘侧、设备侧下沉，在设备侧进行智能分析、处理和存储，在云端进行统一交付、运维、管控，形成城乡供水"云、边、端"一体化协同计算体系。

3. 采集系统对比

基于物联网，通过运营设备数据实现效益提升已是行业趋势、业内共识。然而，物联网转型或物联网平台建设过程中往往存在各类阻碍。针对此问题，"互联网＋城乡供水"监测采集系统提出了新的解决方案。传统模式与基于"互联网＋城乡供水"采集系统模式特点对比见表5.2。

表 5.2 传统模式与基于"互联网＋城乡供水"采集系统模式特点对比

科目	传 统 模 式	基于"互联网＋城乡供水"采集系统模式
接入	需要搭建基础设施、寻找并联合嵌入式开发人员与云端开发人员。开发工作量大、效率低	提供设备端SDK，快速连接设备上云，效率高。同时支持异构网络设备接入、多环境下设备接入、多协议设备接入
性能	自行扩展性架构，极难做到从设备粒度调度服务器，实现负载均衡	具有亿级设备的长连接能力、百万级进发的能力，架构支撑水平性扩展
安全	需要额外开发、部署各种安全措施，保障设备数据安全是个极大挑战	提供多重防护保障设备云端安全；设备认证保障设备安全与唯一性传输加密保障数据不被篡改；云盾护航、权限校验保障云端安全
稳定	需自行发现宕机并完成迁移，迁移时服务会中断。稳定性无法保障	服务可用性高达99.9%。去中心化，无单点依赖。拥有多数据中心支持
使用	需自购服务器搭建负载均衡，开发"接入＋计算＋存储"的物联网系统	一站式设备管理、实时监控设备场景，水联网复杂应用的搭建更加灵活简便

5.1.3 通信网络与服务保障

1. 一般要求

宁夏"互联网＋城乡供水"通信网络以无线通信方式为主，所有数据严格遵循《宁夏"互联网＋城乡供水"数据规范》数据格式以及采集要求，各类采集设备采集到的数据统一接入水联网采集平台，并存储于全区"互联网＋城乡供水"管理服务平台。

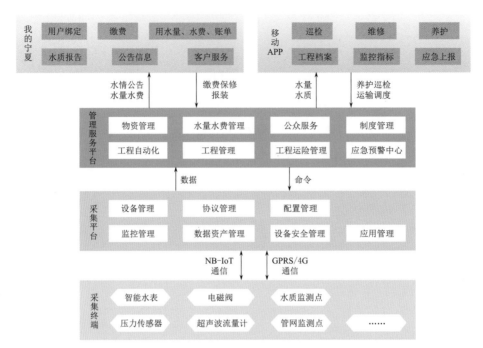

（a）软件端数据流向

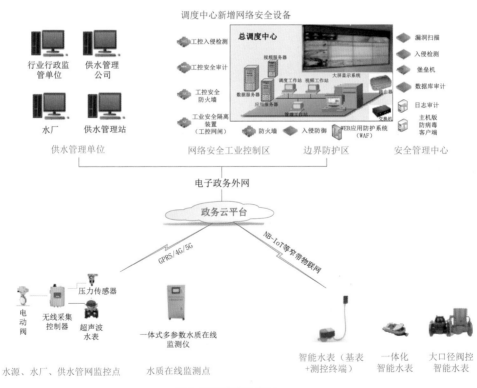

（b）物理端数据流向

图 5.5 "互联网＋城乡供水"网络通信流向图

2．传输要求

宁夏"互联网＋城乡供水"通过电子政务外网、运营商专线、4G/5G、NB－IoT等方式传输数据。政务外网辐射到的站点，可就近接入政务外网；水源、水厂、泵站等PLC系统，通过运营商专线传输数据；水源、蓄水池、管网监测点等RTU设备，通过4G等网络传输数据；入户水表通过内置物联网通信NB/CAT1芯片，利用物联网NB－IoT网络上传数据。

3．数据流向

所有城乡供水数据实行国产加密传输上传至水利云，并按照统一设备认证、统一权限和统一编码的方式管理。在公共网络未完全覆盖的边缘区域，通过LoRa网络等方式提升公共网络数据传输覆盖能力。图5.5为通信过程中数据的软件端和物理终端流向过程。

4．并发保障

"互联网＋城乡供水"的显著特点是海量的前端监测和全面的设备控制，形成由海量前端设备构成的物联网感知体系。该体系能够承受百万级的设备连接，处理高频采集产生的感知数据。高并发物联网平台由高效的协议编解译工厂、异步消息队列、Socket服务器、HTTP服务器等核心要件构成，通过前端高并发向数据库低并发转换实现海量数据的处理。

5.2 运行维护智能服务平台

"互联网＋城乡供水"运行维护智能管理服务平台的处理方法包括智慧化知识化运维和多端协同决策支持两方面。

智慧化知识化运维是通过自动化测控体系，提升管网运行状态预测预警能力，减少供水系统故障率；提升管网检修养护时的合理调蓄能力，提高供水保证率；提升水源地、干支管、入户端的精准计量能力，提高分级分区漏损评估和异常报警水平。

多端协同决策支持是将"互联网＋城乡供水"的信息化系统覆盖到所有类型的个性化供水门户，建立与用户相关的信息展示和业务综合处置交互窗口。用户登录以城乡供水一张图为背景的业务系统操作主界面后，能够灵活地直接进入相应的业务系统之中。

5.2.1 全景监控及三级预警

1. 全景监控

全景监控为自治区、市、县（区）城乡供水主管部门利用监测的数据及其他上报数据，对全省城乡供水工程运行情况进行监管。实时感知有关统计信息、供水保证率、集中供水率、水质达标率、自来水普及率、设备完好率、管网漏失率、水费收缴率及供水水量等城乡供水工程涉及的各项绩效指标，如图 5.6 所示。

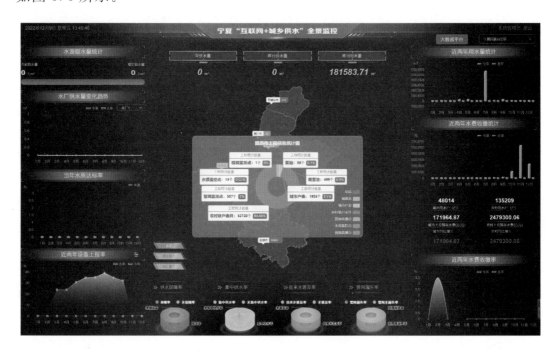

图 5.6 智能管理服务系统全景监控

2. 三级预警

通过建立自治区、市、县（区）三级应急预警中心，对城乡供水工程中水量、压力、水位、水质、设备运行、应急时间等进行预报、预警监控，根据事故分类并划分事故等级，制定应急预案。如发生突发事件，根据各级应急预警中心的管理范围、报警内容及应急预案进行自动化控制，减少事故损失，同时将事故标注、逐级上报，如图 5.7 所示。

3. 一张图

根据行政区划，以图层形式重点展示城乡供水区域、供水对象及供水人

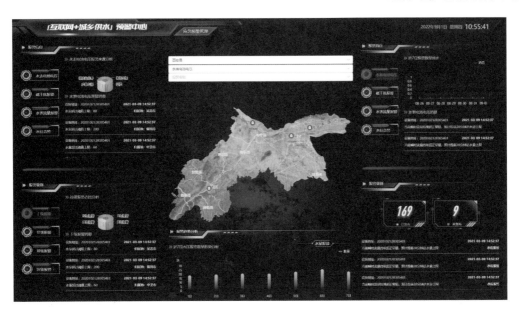

图5.7 智能管理服务系统应急预警中心

口等信息及设施管理要素信息，如水源地、水厂、泵站、蓄水池、供水区域、供水管网等供水工程设施综合运行管理信息等，为供水管理有关部门实时了解城乡供水情况和决策分析提供支撑，展示供水工程的运行管理总体情况，精准监督工程运行管理状况，如图5.8所示。

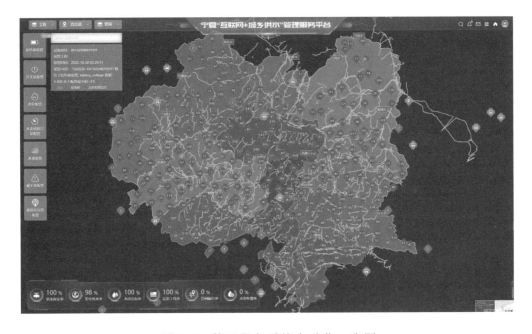

图5.8 管理服务系统自动化一张图

预警机制的构建

预警机制的构建需要遵循国家相关法律条文，如《中华人民共和国传染病防治法》《中华人民共和国水污染防治法》《中华人民共和国水法》《中华人民共和国安全生产法》《生活饮用水卫生监督管理办法》和国务院办公厅《关于加强饮用水安全保障工作的通知》等。

信息预警按照严重性和紧急程度分成两级：

一般预警信息（Ⅰ级预警），即根据水质监测数据，当出厂水、管网末梢蓄水池出现 pH、余氯、浊度监测值异常，供水水质不达标，影响下级供水安全时，为Ⅰ级预警。

紧急预警信息（Ⅱ级预警），即当水源调节蓄水池发生水质安全突发严重事件，如灾害天气、工程事故导致水质参数出现异常突变，严重威胁到下级安全供水时，为Ⅱ级预警。

当出现Ⅰ级预警信息时，根据监测到的水质数据，按进水量和出厂水量消毒剂含量设定调节水厂加药装置的投药比例；当出现Ⅱ级预警信息时，由控制中心监控计算机按照逻辑设定下达关阀、停泵的指令。

5.2.2 分级联动及自动控制

1. 分级联动

"互联网＋城乡供水"根据预定的运行原则和联合控制逻辑，在设备检修或者爆管等故障时，通过数据整编、报警预警模块和远程智能控制模块，实现供水管网的分级分区联动控制，联合控制降低水损，如图 5.9 所示。

2. 自动控制

"互联网＋城乡供水"利用无线物联网技术，结合计量设备、管道压力传感器、水位计、水质传感器、视频监控等，从水源到龙头自动安全运行和多级供水设施设备联合运行。各级泵站无人或少人值守，水源地、调蓄水池等重要节点实时监测水质，智能视频监控人为事件，除水厂外，其他各类监测点均采用物联网设备无线传输，数据全部上传至物联网云平台上。

水源与水厂监控在水库、截潜流等各类型水源地建设水质监测和视频监

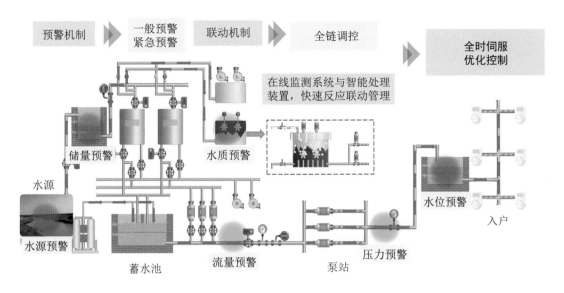

图 5.9 "互联网＋城乡供水"全链条监测控制过程示意图

控设备；水厂监控实现工艺及水处理系统、供配电系统、水泵、机电设备的智能监控。监控指标包括取水流量、管道压力、管道流量、阀门开度、水池水位、水质监测、供水设备运行状态、视频监控等。

泵站监控实施泵站机组、水池、供水阀门等设备的监测控制以及智能联合调度运行，达到无人或少人值守的目的。监控指标包括泵站机组运行状态、管道压力、累计流量、水池水位、阀门开关状态、电量、信号强度、视频监控等。调蓄水池及管网监控包括水池水位、供水阀门开关状态、电量、信号强度、视频监控、管网压力、流量等数据，并对采集数据进行分析，以实现管网的爆管、漏损监测、管道日常巡查维修等业务功能。

水厂、泵站监控及组态如图 5.10 和图 5.11 所示。

3. 决策支持

高水平的自动化测控体系显著提高了"互联网＋城乡供水"系统的全局掌控能力和局部诊断能力。通过"互联网＋城乡供水"APP 客户端，可以对城乡供水生产过程进行调度管理，从工程信息、实时数据、设备运行、统计分析、预报预警等方面，为城乡供水系统的运行维护提供决策支持，提供巡检、维修、养护、应急等决策建议，实现桌面端和移动客户端对城乡供水系统的调度、管理、运维。

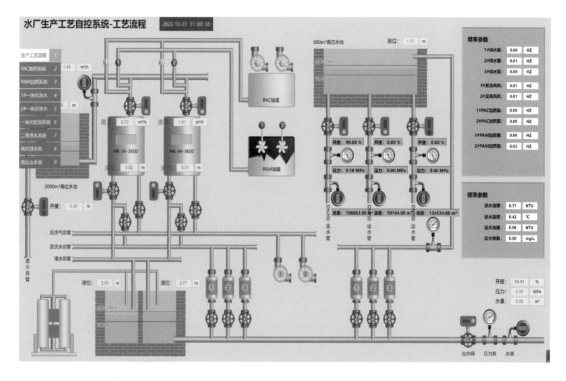

图 5.10　水厂监控及组态

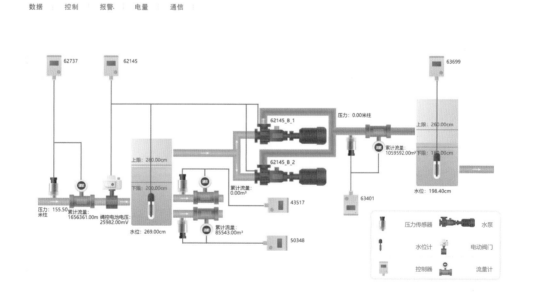

图 5.11　泵站监控及组态

移动客户端（APP）运行维护决策支持业务流程和报警与运维管理如图
5.12 和图 5.13 所示。

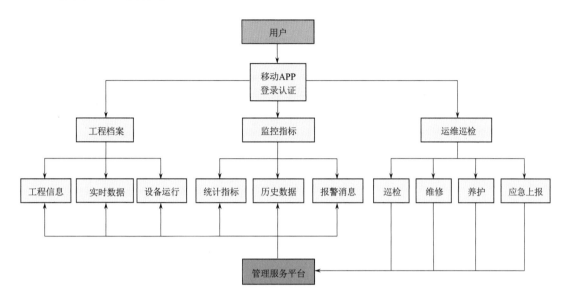

图 5.12 "互联网＋城乡供水"运行维护决策支持 APP 业务流程图

（a）报警管理　　　　　　（b）运维管理

图 5.13 "互联网＋城乡供水" APP 报警与运维管理

彭阳城乡供水实现智能化

"没有安装智能水表前，交一次水费来回路上需要3个小时。现在，只需一部手机就能查看用水量，随时随地交费。"固原市彭阳县城阳乡居民韩秀华高兴地说。

2016年，宁夏中南部城乡安全水源工程建成通水，从根本上解决了彭阳县的人饮水源问题。但通水后管理服务跟进不够、跑冒滴漏、水费收缴难等新问题随之出现。2017年9月，彭阳县实施"互联网＋城乡供水"工程，实现从传统水利向智慧水利转型。在农村供水调度中心看到，工作人员在办公室内，通过总调度屏幕、农户家智能水表，就可以实现供水、调水，查看农户供水、交费情况。

彭阳县水务局副局长张志科介绍，该县围绕城乡供水的"同源、同网、同质、同价、同服务"，建设了智能农村饮水监控与运行调度中心，对2处水厂、5处水源地、7000余km骨干管网以及55处农村饮水工程的数据进行自动化监测控制，实现了217座蓄水池与水泵控制联动；改造了8600座农村联户水表井和2万块城市水表，实现了流量自动化采集与监测，全县城乡饮水从水源到用水户实现信息化管理全覆盖。

5.2.3 用水计量及水费收缴

1. 用水计量

构建"互联网＋城乡供水"水量水费管理子模块，具体涵盖用户档案、水表管理、水费收缴、停水管理、水价管理、公告管理、诚信度管理、网点管理和统计分析等功能，同时与供水自动化测控系统对接，实现水表的智能化控制。

2. 水费收缴

水费计收首先进行用水计量，通过联户水表井进行远程用水数据采集，从而获取到各用水户的具体用水记录，实现用水远程计量，之后根据用水记录和水价进行用水收费计算，系统统一从联户水表井远程提取用水记录数据，根据用水量确定水价，并自动折算水费。平台端水量、水费计收管理系统如

图 5.14 和图 5.15 所示。

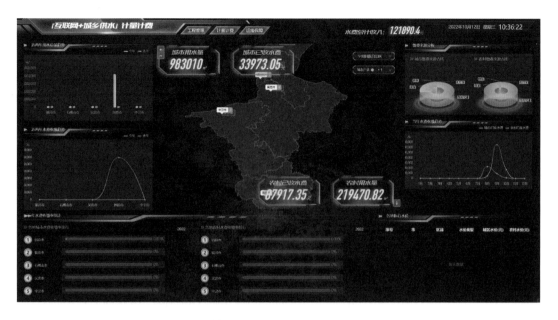

图 5.14 管理服务系统水量计量统计分析

图 5.15 管理服务系统水费计收管理

推行"互联网＋城乡供水"，实现管理效能提升

彭阳县通过引入"互联网＋城乡供水"信息化管理，全县农村供水工程减少了运行维护人员，降低了运行成本，提高了供水保证率和工程故障排除效率。

（1）节省人力。人工供水管理一般为白天供水，有时间限制，而自动控制设备不受时间限制，可根据水量及时进行自动控制。现阶段，彭阳县供水管理人员从之前的 90 人减少到 40 人，每年节省人工费用达 69 万元。

（2）降低成本。在保证供水的情况下，避免在用电高峰时段供水，每年供水电费从 52.8 万元降到 44.9 万元，减幅达 15％。同时，避免多次、频繁启动水泵机组，延长水泵机组的使用寿命，有效降低运维成本。

（3）管理高效。利用自动监测设备和管理信息方法，自动调控各级泵站和蓄水池，实时分析工程供水量和供水保证率，数据更准确，分析更全面，决策更可靠。供水故障诊断率提高了 70％，维护费用从 490 万元减少到 260 万元。

（4）服务便捷。"彭阳智慧人饮"微信公众号，群众通过手机微信查看用水信息、申请停用水、扫码缴费，改变了以往下井抄表、上门收费的模式，有效解决了水费收缴难题。全县水费收缴率由过去的 60％提高到 99％，群众安全饮水满意度达 98％，形成了"供水有保障、服务跟得上、水费收得回"的城乡供水监管新格局。

5.2.4 供水"四预"及服务均等

1. 供水"四预"

宁夏"互联网＋城乡供水"智能管理服务平台，实现了运维对象、运维人员和运维流程的全覆盖，使得运维状态可视化、运维预警精准化、运维处置自动化、运维决策数据化。有效保障了城乡供水的"四预"能力，提高了"四预"水平。"互联网＋城乡供水"的"四预"关系如图 5.16 所示。

预报能力就是基于可视化供水场景及数字底板，制定供水设备侧及云平

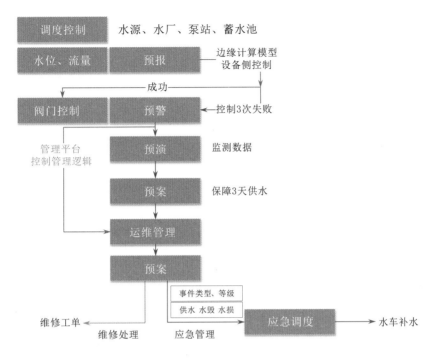

图 5.16 "互联网＋城乡供水"的"四预"关系图

台预报模型及算法，包括供水设备侧的边缘计算、云平台自动化控制模型、管网漏损监测等，对影响安全的因素预测预报，实现短期预报、中期预测、长期展望。

预警能力就是对供水全过程中的水灾害等各种风险的阈值指标进行预警，对工程运行过程中的事件报警、组合逻辑报警进行及时预警，为工程运行管理、监督管理等工作提供有效手段，及时采取处理措施，做好防灾避险工作。

预演训练就是根据预报中涉及的模型、预警涉及的类型，对供水事件的影响范围、程度、级别等进行对应预报预警的预演，实现对供水事件的模拟仿真预演。

预案制定就是制定、处理过程及供水事件处理的监控反馈，为调整供水预案的制定、修改及执行工作，保证供水预案的科学性及可操作性。

2. 信息公开

"互联网＋城乡供水"水价按照"补偿成本、合理收益、节约用水、公平负担"的原则合理确定，严格落实相关政策和法律法规，通过公众号、

"我的宁夏"等载体，公开透明展示供水用水信息。社会公众可通过平台，了解本区域水质状况、有关制度、个人用水、水费缴纳及其他供水信息服务。

供水信息服务包括静态、动态和实时三种，公众可登录平台查看和检索。静态信息指区域供水信息、运维人员、规章制度和办事流程等；动态信息是指统计和分析后的供水保证率、水质、村庄社区用水、供用水区域和取水许可统计等；实时信息是为用水户提供的用水、水价、水费、水质和缴费情况等信息，特殊情况下还包含停水信息和定制推送等内容。

3. 服务均等

服务均等是"互联网＋城乡供水"的又一特色，无论用户地处城市还是乡村，其所享受的供水都将是同源、同网、同质、同价、同服务。

（1）需水均等：无论城乡居民，均可通过云平台微信公众号上报其需水信息，包括需水用途、用水时间和用水量等，运维人员按照报装申请上门安装。

（2）供水均等：无论城乡居民，均可享受满足和基本满足当前社会发展水平的供水质量，良好的水质、稳定的水量、足够的水压、随时的响应。

（3）维修均等：城乡居民通过云平台微信公众号或其他途径上报其供水故障。

（4）水价均等：无论城乡居民，均可通过云平台微信公众号查询其所用的水量、用水的水价、缴纳的水费和剩余的水量，确保城乡供水同价。

（5）诚信均等：平台根据用户基础信息和用水信息，通过相关模型对用水户进行社会服务评价，建立用户服务风险预警机制，提高供水满意度。

公众服务平台业务流程与用户反馈过程如图 5.12 和图 5.17 所示。

宁夏彭阳：从"毛驴驮水"到"手机买水"

（新华社、中国水利网站 2020 年 3 月 12 日）

"互联网＋农村供水"是宁夏智慧水利在民生服务和基层水利改革领域的重要应用，运用清华大学水联网理念和核心技术，开展基于水利云、"互联网＋"的机制创新、管理创新和服务创新，打包解决了农村供水"最后一百米"的难点、痛点、堵点、弱点问题，让地处"苦瘠甲天下"的宁夏彭阳县19万城乡群众喝上了"同源、同网、同质、同价、同服务"的放心水，山区群众用水实现了"从毛驴驮水"到"手机买水"的革命性转变。

该方案全面落实了水利部农村饮水安全"三个责任、三项制度"，以市场化、社会化、专业化方式实现了城乡供水公共服务均等化。2019年全国农村供水现场会对该案例进行现场观摩。被国务院扶贫开发领导小组推荐为典型经验及亮点工作。其主要创新点有以下三个方面：

自动化提效益，解决"缺人管"难点。基于宁夏水利云等公共资源，新建流量、水位、压力、水质等数据采集点3.94万处，实现了7109余km主管网和全部工程设施24小时自动运行、精准管控，管理人员减少了55%。

数字化强监管，解决"跑冒漏"痛点。建成集调度、运行、监控、维养、缴费、应急于一体的供水管理服务数字化平台，对供用水和生产数据实时自动采集、传递、分析和处理，实现了多级泵站和水池智能联调、水质在线监测、事故精准判断和及时处置，工程事故率、管网漏失率大幅下降。

智慧化优服务，解决"收缴难"堵点。按照"让数据多跑路，让群众少跑腿"的便民服务理念，改变传统下井抄表、上门收费的水费收缴方式，开通微信公众号，群众通过手机缴费购水、查看用水信息、申请停用水，让群众吃上了"明白水、安全水、放心水"，水费收缴率由60%提高到99%。

"互联网＋城乡供水"充分利用信息化公共资源，以信息化驱动水利现代化，为乡村振兴提供水安全保障。

图 5.17 公众服务平台用户反馈过程

5.3 网络安全与保障策略

5.3.1 网络安全要求

1. 安全设计原则

宁夏"互联网＋城乡供水"网络安全依据《信息安全技术网络安全等级保护定级指南》（GB/T 22240—2020）进行安全定级，确保"互联网＋城乡供水"中各个系统网络安全保护对象的保护等级。应用平台严格参照《水利网络安全保护技术规范》（SL/T 803—2020）的要求进行安全分级建设，建立县市级建设子平台——数据采集分析子系统，将分析数据上传至区域平台，区域平台与子平台及安全设备实现协同防御。

2. 安全一般要求

"互联网＋城乡供水"网络安全建设涉及全部网络安全业务，并且应满足一定的安全纵深防护能力，遵循等级保护木桶原则开展纵深防护建设，结合实际情况，在安全物理环境、安全通信网络、安全区域边界、安全计算环境、安全统一管理等各个层面做针对性防护。纵深防御策略不限于主动式防御、被动式防御、预测性防御等策略，但至少具备其中的任意两种策略。

网络安全的"木桶"原则

木桶原理是由美国管理学家彼得提出的，说的是由多块木板构成的水桶，其价值在于其盛水量的多少，但决定木桶盛水量多少的关键因素不是其最长的板块，而是其中最短的板块。

在网络信息系统中，假如系统中有10个漏洞，攻击者总是寻找最容易攻破的漏洞进行攻击，这个最容易被攻破的漏洞就是木桶上最短的那块木板。其他的安全措施做得再好，但是只要有一个漏洞被攻破，系统就不安全了。因此，充分、全面、完整地对系统的安全漏洞和安全威胁进行分析、评估和检测（包括模拟攻击），是涉及信息安全系统的必要前提条件。安全机制和安全服务设计的首要目的是防止最常用的攻击手段；根本目标是提高整个系统的"安全最低点"的安全性能。因此，网络安全中的"木桶"原则就是对信息均衡、全面地进行保护。

5.3.2 网络安全监测预警

1. 网络监测

"互联网＋城乡供水"监测网络包括由路由器和交换机组成的网络设备；由互联网终端、业务系统工作站、自动化工作站、现场操作站、监视站以及相关的系统、数据服务器组成的主机设备，用于终端业务办公和供水过程采集和监测；由可编程控制器PLC群组成的控制设备，用于水源、水厂、泵站的现场控制和调节；由远程采集终端RTU和嵌入式入户计量物联网表组成的终端设备，用于远程协调控制及数据采集和无线传输。

2. 纵深防御

"互联网＋城乡供水"网络安全需要满足安全监测预警能力的主动诱捕机制、预测预警机制、应急响应机制、安全评估机制等机制中的任意三种。网络安全监测预警内容见表5.3。

"互联网十城乡供水"网络安全通信的设备系统

- RTU测控终端：与相关外围设备一起构成SCADA、DCS等系统的外部子站，具有数据采集、存储、控制输出、通信、计算及编程功能，能接收远程主机指令，控制末端执行单元，就地连接仪表和执行单元，常用于蓄水池、管网监测系统中。

- 物联网水表：以水表为基表、在基表上加装电子单元，具有数据记录、存储，可直接对外输出表示水表被测水体积的数据信号的水量计量仪表。

- 分体式物联网水表：基表和电子单元结构形式分离的物联网水表。

- 测控终端：分体式物联网水表电子单元称为测控终端。

表 5.3　　　　　　"互联网十城乡供水"网络安全监测预警内容

科　目	安全监测与预警内容
资产监测	建立主机、网络、控制系统、安全设备等资产信息库，记录资产所属安全域、业务系统、资产类型、IP＼MAC、操作系统、负责人、生产厂家、资产说明等信息
日志监测	接收或采集网络中各种主机、网络设备、安全设备、通信链路中的日志信息数据。采集接收的各类安全日志信息
流量监测	信息化、自动化网络关键节点采集流量数据，并解析出不限于五元组信息、数据内容信息、通信时间、包大小等信息
基线监测	采集或接收来自主机设备资产安全基线（或策略）信息，包括但不限于网络设备、主机设备、控制设备、安全设备等信息
威胁监测	接收主动威胁诱捕系统、安全设备、设备监测、流量监测、日志监测等生成的异常及威胁风险信息，以及关键节点的主动诱捕告警信息，并生成风险预警信息
漏洞管理	建立级行业安全漏洞库，实现漏洞信息分布展示、补丁情况展示、漏洞情况统计、安全策略调整建议等功能。采用国产加密算法保护数据安全
安全评估	从资产类型、业务系统、安全域、地区公司等角度进行安全评估，形成各区域整体信息安全评估情况

科 目	安全监测与预警内容
安全预警	"互联网＋城乡供水"各种安全数据采集分析后,从过去、当前安全变化情况形成对未来安全变化情况的分布及发展趋势分析预判
拓扑监测	根据流量、日志信息,物理拓扑网络结构信息,绘制整体业务物理拓扑网络结构并展示结合工控流量的日志信息
应急处置	应急响应参考《信息安全技术网络安全事件应急演练指南》(GB/T 38645—2020)
协同防御	省级平台对安全风险进行分级别管理,对于重大、高风险应即时协同

网络安全防护的"纵深防御"

根据《信息安全工程师教程》(第2版)的描述,纵深防御也被称为深度防护战略(Defense-in-Depth),是指网络安全需要采用一个多层次、纵深的安全措施来保障信息安全。纵深防御模型的基本思路就是将信息网络安全防护措施有机组合起来,针对保护对象,部署安全防护措施并相互支持和补救,尽可能地阻断攻击者的威胁,建立保护、检测、响应、恢复四道防线。

• 保护:包括加密、数据签名、访问控制、认证、信息隐藏、防火墙技术等。

• 检测:包括入侵检测、系统脆弱性检测、数据完整性检测、攻击性检测等。

• 响应:包括应急策略、应急机制、应急手段、入侵过程分析及安全状态评估。

• 恢复:包括数据备份、数据修复、系统恢复等。

5.3.3 网络安全分级策略

1. 网络层级

宁夏"互联网＋城乡供水"网络层级结构包括县市级接入层和自治区级监管层。县市级接入层具备纵深防御和与上一级主管单位对接的功能,是

"互联网＋城乡供水"基础设施的监控层；自治区级监管层主要负责全天候、全方位、多层次的监测发现和态势感知，并对突发状况作出应急响应决策。顶层网络层级架构如图5.18所示。

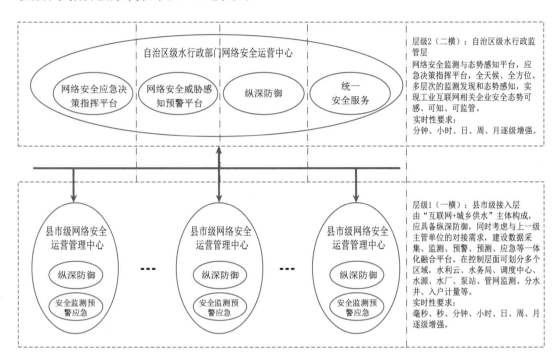

图5.18 "互联网＋城乡供水"顶层网络层级架构

2. 数据访问关系

供水网络系统的数据包括办公数据、本地控制数据和云控制数据。办公数据是水行政主管部门和调度中心利用电子政务外网进行数据交互和日常办公的数据，存储在城乡供水管理服务平台；本地控制、云控制与存储数据包括本地控制与工艺数据、视频数据，通过运营商专线和水利云上传至调度中心，实现供水自动化生产及调节，存储在调度中心，并可以发送控制指令至现场控制设备。本地控制、云控制与存储数据类型以及存储要求见表5.4。

3. 安全等级设置

"互联网＋城乡供水"信息安全等级按照业务类型不同划分不同等级，遵照《信息安全技术工业控制系统信息安全分级规范》（GB/T 36324—2018）进行，具体可参考表5.5。

表 5.4　　"互联网＋城乡供水"本地控制、云控制与存储数据传输列表

序号	业务单元		上　传	下　发	存储要求
1	水源	自流水源	河流、水库、蓄水池水位数据	阀门、云台控制指令	有，参与控制调节，调度中心存储
			出水流量、压力数据		
			阀门、水泵、电机状态		
			视频监控数据		
2		加压泵站	清水池水位数据	水泵、阀门、云台控制指令	有，参与控制调节，调度中心存储
			出水流量、压力数据		
			阀门、水泵、电机状态		
			视频监控数据		
3	水厂、独立蓄水池		清水池与蓄水池水位数据	水泵、阀门、云台控制指令	有，参与控制调节，调度中心存储
			出水流量、压力数据		
			阀门、水泵、电机状态		
			视频监控数据		
4	泵站、管网监测点		泵站前池水位数据	水泵、阀门、云台控制指令	有，参与控制调节，调度中心存储
			出水与分水井流量、压力数据		
			水泵电机状态		
			分水井阀门状态		
			管网监测点压力数据		
			视频监控数据		

表 5.5　　　　"互联网＋城乡供水"安全等级参考表

单位名称	工控系统位置	安全等级	等级保护级别
水利厅	业务系统	3	三级系统
水务局	业务系统	3	三级系统
调度中心	业务系统	3	三级系统
	调度系统	3	三级系统
水源、水厂	自流水源	2	二级系统
	动力水源	2	二级系统
	水处理厂	3	三级系统
城乡供水站	加压泵站	2	二级系统
	供水站	2	二级系统
	供水厂	2	二级系统

93

续表

单 位 名 称	工控系统位置	安全等级	等级保护级别
泵站、蓄水池	有人/无人值守	2	二级系统
管网监测点	分水井	3	三级系统
入户计量	水用户	3	三级系统
水质监测系统	水处理厂	3	三级系统

第 2 篇

宁夏"互联网＋城乡供水"建设运营篇

2015 年，国家发展改革委、财政部、住房和城乡建设部、交通运输部、水利部、人民银行等六部门联合下发了《基础设施和公用事业特许经营管理办法》，为市场化主体参与市政公用事业项目提供了政策环境和合规路径。宁夏积极贯彻落实要求，在城乡供水工程中引入社会资本，先行先试"互联网＋城乡供水"新模式，为宁夏城乡供水工作打开了新局面。

本篇归纳了宁夏在"互联网＋城乡供水"工程建设中创新探索出的 ABO＋EPC 的融资模式和建设模式，解决"互联网＋城乡供水"建设融资和设计采购施工建设过程一系列问题，以及提升供水经营管理服务的质量和水平。

本篇共 3 章。第 6 章阐述了宁夏建设"互联网＋城乡供水"项目具备的条件基础、拥有的良好融资环境以及贷款偿还的机制；第 7 章介绍了特许经营机制下的项目主要投融资方式与建设模式的概念、优缺点等内容，以及一体化运行管理模式的选择、体系建设与水价调整机制等；第 8 章重点介绍了彭阳县、固原市在"互联网＋城乡供水"项目中的投融资、建设、运行管理模式，总结概括了宁夏"互联网＋城乡供水"省级示范区建设的主要内容。

宁夏"互联网＋城乡供水"条件基础与投融资环境

"十四五"期间，宁夏以推进"互联网＋城乡供水"省级示范区建设为重点，全面推进现代化城乡供水体系建设，以已建和在建的六大水源工程及两个独立片区供水工程为基础，全面提升城乡供水能力和管理水平，保障供水安全，为巩固拓展全区脱贫攻坚成果、全面推进乡村振兴提供有力保障。

宁夏水利厅会同国家开发银行、中国农业发展银行等金融机构，积极响应国家号召和水利部部署要求，为城乡供水一体化建设提供有利的信贷政策，营造了良好的"互联网＋城乡供水"投融资环境，吸引了更多的社会资本进入"互联网＋城乡供水"工程建设领域。

6.1 条件基础

宁夏"互联网＋城乡供水"的基础是可靠的水源工程、高效的水利云平台和科学的规划投资。

在水源工程方面，2012 年以来，宁夏先后启动和谋划实施中南部城乡饮水安全工程、银川都市圈城乡东线供水工程、银川都市圈城乡西线供水工程、清水河流域城乡供水工程、中卫市城乡供水一体化工程以及陕甘宁革命老区供水工程等六大水源工程建设，规划投资约497.6亿元。截至2021年年底，除陕甘宁革命老区供水工程外，其他5项工程已通水或主体工程已完工。

在水利云平台方面，宁夏回族自治区人民政府筹资2亿元建设政务云平台。宁夏水利厅基于宁夏政务云平台的建设，搭建了承载各项水利应用的宁夏"水利云"数字平台，统一提供用户、接口、共享等组件支撑，实现了自治区、市、县（区）的三级贯通联动。

在规划投资方面，2019年宁夏编制了《宁夏"十四五"城乡供水规划》，静态总投资90.18亿元（不含大水源工程）。

6.1.1　水源工程条件

2012—2020年，宁夏启动六大水源工程建设，投资预算497.59亿元，受益人口660.73万人。除陕甘宁革命老区供水工程外，其他5项工程批复总投资100.59亿元，其中，财政资金43.56亿元，占43.3%（中央补助资金25.49亿元，自治区级配套资金18.07亿元），社会融资57.03亿元，占比56.7%（企业自筹6.91亿元，使用开发性、政策性银行贷款50.12亿元）。六大水源工程建设情况见表6.1。

表6.1　　　　　　　　　宁夏六大水源工程建设情况

工程名称	水源类型	供水受益地区及人数	设计年引水量/m³	批复投资/亿元	资金来源
宁夏中南部城乡水源工程	泾河水	固原市原州区、彭阳县、西吉县和中卫市海原县，110.8万人	3980万	17.70	政府投资16.5亿元（中央补助资金8.66亿元，自治区级配套资金7.84亿元），余下部分由宁夏水投集团公司银行贷款1.2亿元
银川都市圈城乡东线供水水源工程	黄河水	吴忠市利通区、青铜峡市河东区域和灵武市，72.18万人	6558万（2025年）；1.04亿（2035年）	14.82	政府投资4.84亿元（中央补助资金0.84亿元，自治区专项债4亿元作为资本金），余下部分以特许经营方式由宁夏水投集团公司银行贷款9.98亿元

工程名称	水源类型	供水受益地区及人数	设计年引水量/m³	批复投资/亿元	资金来源
银川都市圈城乡西线供水水源工程	黄河地表水	银川市、石嘴山市西部，265万人	9978万	39.65	中央资金9.76亿元，银川中铁水务集团公司投资5.95亿元，余下部分由项目公司银行贷款23.94亿元
清水河流域城乡供水水源工程	浅层地下水	吴忠、中卫、固原3市6县（区），135.75万人	6216万	23.66	政府投资12.46亿元（中央补助资金6.23亿元，地方配套资金6.23亿元），余下部分宁夏水投集团公司银行贷款11.2亿元
中卫市城乡供水一体化水源工程	黄河水	沙坡头区6个乡（镇），26万人	3027万	4.76	建设资金由宁夏水投集团中卫水务公司承担，其中企业自筹0.96亿元，银行贷款3.8亿元
陕甘宁革命老区供水水源工程	黄河水	宁夏、陕西、甘肃3省（自治区）4市14县，315万人（宁夏51万人）	3.28亿（宁夏6141万）	397	水源骨干工程投资为256亿元，配套工程为141亿元

6.1.2　水利云平台条件

2014年5月，宁夏回族自治区人民政府正式与阿里巴巴签署战略合作框架协议，按照智慧宁夏"政务云"工程建设要求，建立全区一体化的网上政务服务平台——宁夏电子政务公共云平台，采用政府购买服务模式由自治区人民政府与阿里巴巴、华数、宁夏广电联合投资约2亿元进行建设。阿里云为宁夏政务云提供基础云平台和大数据平台服务，为"互联网＋"政务民生服务赋能提供了底层技术支撑。

2015年7月，宁夏政务云平台正式交付，同时宁夏水利厅水利公共应用系统顺利迁移至云端，在政务云平台基础上完成宁夏"水利云"平台的建设，为宁夏"互联网＋城乡供水"奠定了"云"的基础。

宁夏水利厅按照《宁夏智慧水利"十三五"规划》，将信息化作为传统项目前置要件，建立了1部规划、6项制度和13部标准的推进体系，基于政务云等公共资源，搭建了覆盖"云、网、端、台"的智慧水利数字空间，推动"一平台多主体"协同。承载水利应用的数字平台建成后，统一提供用户、接口、共享等组件支撑，实现了自治区、市、县（区）三级贯通联动，分级部署五大类共56项应用，全区72家水利单位1.4万名干部职工实现线上协同工作。2017—2021年，全区水利信息化建设和运行维护以政府购买服务的方式完成投资9.7亿元，节省数据中心建设及运维费等相关费用约1亿元以上。

基于"水利云"，按照应用上云不动摇的基本思路，宁夏全区水利系统整体接入数字政府体系，使网络安全与数字政府同步。通过政府购买服务，引进三大运营商等IT企业，宁夏水利告别了自购服务器和自运维时代，完成了由水利专网向电子政务外网的转变，基层所站互联网通达率达98%。目前，宁夏"水利云"共使用云主机235台，存储水利数据近10亿条。

智慧水利体系下宁夏"水利云"的发展

宁夏"水利云"发展，按照《宁夏数字治水"十四五"规划》要求，推动新阶段水利高质量发展，构建预测、预报、预警、预演的"四预"功能智慧水利体系和自治区数字政府，坚持"需求牵引、应用至上、数字赋能、提升能力"，以数字化改革撬动治水各领域创新，推动治水质量变革、效率变革、动力变革。

规划到2025年，宁夏将以数字化、网络化、智能化为主线，全域建成水联网数字治水体系，全区完成水治理数字化转型。目前已启动水联网新型基础设施三年行动，明确了数字化场景、"四预"、算力算法等62项建设任务和40项专栏工程。下一步将按照治水"技术、流程、制度、组织"一体化升级的方法，着力抓好治水基础数字化、治水工作数字化、治水业态现代化、投入效益协同化四大任务，通过试点先行、以点带面、融合迭代，加快构建数字互联共享多元共治现代治水新体系。

6.1.3　"互联网十"行动

2015 年起，宁夏响应国家"互联网十"行动，在诸多领域开展了赋能行动。其中，"互联网十水利"行动创造了彭阳"互联网十城乡供水"成功典范。

到"十三五"末，全区共建成农村集中供水工程 486 处、分散供水工程2.1 万处，初步形成了"城乡一体、南北互连、水源互通、丰枯互济"的现代化供水工程网络体系，自来水普及率由 2004 年年底的 26% 提高到 2020 年的 90%，全区农村居民饮水安全已基本得到解决。

经估算，宁夏"十四五"城乡供水规划静态总投资 90.18 亿元（不含大水源工程）。其中，工程网建设投资 64.37 亿元，信息网建设投资 24.56 亿元，服务网建设投资 1.25 亿元。资金来源包括政府投资（地方专项债、水利部专项资金、自治区各级政府自筹资金）54.11 亿元，占 60%；金融贷款和社会资本投资 36.08 亿元，占 40%。各类工程规划投资情况见表 6.2。

表 6.2　宁夏"十四五"城乡供水工程规划投资（不含大水源工程）

建　设　内　容		投资/亿元
工程网	水源及连通工程	4.59
	水厂工程	23.16
	输配水工程	29.57
	入户工程	7.05
	小计	64.37
信息网	自动化控制工程	22.81
	信息化系统资料整编	0.80
	调度中心建设	0.28
	系统安全设备配置	0.67
	小计	24.56
服务网	公共服务平台	0.25
	能力建设	1.00
	小计	1.25
总　　计		90.18

秦承"十三五"成绩，宁夏水利厅组织编制了《宁夏"十四五"城乡供水规划》，扩大"互联网＋城乡供水"赋能范围，在全区建设"互联网＋城乡供水"工程，建设全国首个"互联网＋城乡供水"省级示范区。

6.2 投融资环境

为解决好"互联网＋城乡供水"建设资金筹措问题，营造良好的投融资环境，宁夏出台了相应政策，明确了"互联网＋城乡供水"项目的主要资金来源，为各县（区）筹措资金指明了方向。政府资金投入、社会资本引入以及金融机构信贷合作等方式，营造出宁夏"互联网＋城乡供水"良好的投融资环境，使城乡供水投资从"不被看好"到"市场追捧"。

6.2.1 政府资金环境

2021年，宁夏水利厅出台《关于"互联网＋城乡供水"项目建设资金筹措的指导意见》，明确规定"城乡供水项目属于准公益民生项目，各县（区）应将项目建设投入、水价补贴和维修养护费用等统筹纳入本级政府财政预算支持范围，并加大一般性转移支付力度，积极争取中央专项、地方债、专项债、特种债等债券资金，统筹整合各类涉农资金，配套地方财政资金，加大项目建设。原则上，公共财政投入不低于资本金的50％"。

同时，宁夏水利厅会同自治区发展改革委、财政厅积极筹措资金，对于按照"互联网＋城乡供水"示范省（区）顶层设计、建设范式和技术路线积极推进项目的县（区），优先安排建设和运行维护补助资金。

为进一步推进宁夏"互联网＋城乡供水"示范省（区）建设，水利厅根据《宁夏"互联网＋城乡供水"示范省（区）建设实施方案（2021年—2025年）》有关要求，制定了《宁夏"互联网＋城乡供水"项目财政奖补资金管理暂行办法》。明确规定："宁夏财政预算每年专项列支一定的奖补资金，用于上一年度全区'互联网＋城乡供水'示范省（区）建设实施成效显著的市、县（区）人民政府奖补工作。宁夏水利厅负责提出奖补资金年度分配建议方案、资金使用管理和监督检查，宁夏财政厅负责资金拨付"。

据统计，2021—2022年，宁夏"互联网＋城乡供水"落实资金7.9亿

元，其中各级财政资金 3.25 亿元，地方债券 1 亿元，占总资金 54%。

6.2.2　社会资本环境

宁夏回族自治区人民政府为推进实施"互联网＋城乡供水"工程建设的投融资专业运营，鼓励宁夏水投集团、宁夏水发集团、银川中铁水务集团等水利龙头企业主动承担项目融资主体，推动项目落地。在有条件的县（区）通过加大水利企业培育、水务资产重组并购等方式，整合壮大县域水务一体化企业。引进区外水务企业和社会资本参与水利基础设施建设，增强水利融资市场化能力。

> **社会资本投入"互联网＋城乡供水"**
>
> 宁夏水务投资集团公司充分利用国有资本金增量机制等政策，搭建行业融资平台，拓宽水利融资渠道，发挥国有企业在项目建设管理、资金筹措、投融资及运营服务等方面的优势，解决清水河沿线、宁夏中南部以及银川都市圈东线等地区的城乡生活、规模化养殖、工业产业发展用水问题，提升区域城乡生产生活供水安全水平，为巩固拓展脱贫攻坚成果提供水资源保障。自企业成立以来，在城乡供水领域累计投入资金 92.62 亿元，其中包括企业自筹资金 4.3 亿元，银行贷款 32.2 亿元以及其他政府投资 56.11 亿元。
>
> 银川中铁水务集团公司积极投入银川都市圈西线供水工程建设中，在特许经营模式下，充分发挥国有企业融资优势，累计投资 29.89 亿元，其中企业自筹 5.95 亿元，使用开发性、政策性银行贷款 23.94 亿元。

宁夏水利厅为进一步鼓励社会资本投入到"互联网＋城乡供水"工程建设中，在《宁夏"互联网＋城乡供水"示范省（区）建设实施方案（2021 年—2025 年）》和《关于"互联网＋城乡供水"项目建设资金筹措的指导意见》中指出："为进一步优化营商环境，鼓励社会资本投资建设或运营管理'互联网＋城乡供水'项目，县（区）政府可授权当地水务部门作为实施机构，依法公开选定实施主体，签订投资运营协议，合理确定项目参与方式，规范项目建设程序，吸引社会资本投资，依法保障社会资本合法权益，建立主要依靠市场的投资回报机制"。银行在不增加政府隐性债务的前提下，给予各县（区）赋予特许经营权的供水企业授信支持，根据授信主体获得的特许经营权协商安排贷款，为项目建设提供长期、稳定、低成本的资金保障。

与此同时，宁夏水利厅组织市县水行政主管部门与银行信贷机构加大水利专项贷款协调力度，共享水利重点企业名单、水利重点项目清单，在重大水利项目方案谋划、可研论证等前期阶段共同开展投融资方案设计，在项目立项审批阶段共同推动资金投放前置审批手续，全面做好协助社会资本水利融资服务和保障工作，推进项目融资落地。

2021年，宁夏电子信息产业专班出台了《促进数字治水产业发展的意见》，赋予银川市中关村双创中心遴选、推介的科创服务职能，发布了宁夏水联网技术合作（第一批）遴选产品目录，制定了物联网智能水表技术团体标准，开展了智能水表解决方案第三方测试，规范了数据接入。

2019年，宁夏成立清华大学—宁夏银川水联网数字治水联合研究院，以"研究院＋试验区＋产业园"三位一体模式，吸引高新企业入驻水联网数字治水产业园。

仅在两年时间内，已入园企业53家，其中，有14家母公司或控股企业属于上市公司，规模以上企业37家，实现产值5.3亿元。

6.2.3 金融信贷合作

1. 水利部联合积极争取出台政策性金融性支持政策

水利部为进一步推动金融信贷资金投入城乡供水工程建设，先后与国家开发银行联合印发了《关于加大开发性金融支持力度提升水安全保障能力的指导意见》（水财务〔2022〕228号），签订了《开发性金融支持"十四五"水安全保障推动水利高质量发展合作协议》；与中国农业发展银行联合印发了《关于政策性金融支持水利基础设施建设的指导意见》（水财务〔2022〕248号），签订了《政策性金融支持"十四五"水利基础设施建设推动水利高质量发展战略合作协议》；与中国农业银行联合印发了《关于金融支持水利基础设施建设的指导意见》（水财务〔2022〕313号）等相关金融扶持政策。

金融机构信贷为"互联网+城乡供水"注资

国家开发银行

国家开发银行《开发性金融支持"十四五"水安全保障推动水利高质量发展合作协议》中就金融支持水利基础设施的相关优惠政策：

（1）在贷款期限方面，由原来的30～35年延长至35～40年，最长可达45年（具体根据项目类型、现金流等因素合理确定），宽限期在建设期基础上适当延长。

（2）在贷款利率方面，设立水利专项贷款，进一步降低水利项目贷款利率，符合国家开发银行认定标准的重大项目执行相关优惠利率。

（3）在资本金比例方面，在水利项目一般执行最低要求20%的基础上，对符合条件的社会民生补短板水利基础设施项目，再下调不超过5个百分点。

（4）在信用结构方面，根据项目实际，设计保证担保、抵押担保、供水收费权质押担保、政府和社会资本合作（Public - Private - Partnership，PPP）协议项下应收账款质押担保等多种方式。

（5）在还款计划设置方面，根据建设运营周期安排前低后高，最大程度缓解项目初期还款压力。

（6）在贷款评审方面，对水利贷款建立绿色通道，优先安排审议并保障信贷资金需求。

中国农业发展银行

根据水利部与中国农业发展银行联合签发的《关于政策性金融支持水利基础设施建设的指导意见》和《政策性金融支持"十四五"水利基础设施建设推动水利高质量发展战略合作协议》：

（1）在贷款期限方面，对水利部和中国农业发展银行联合确定的重点水利项目、纳入国家及省级水利规划的重点项目和中小型水利工程及水利领域政府和社会资本合作（PPP）项目，中国农业发展银行贷款期限可达30年，国家重大水利工程可达45年。

（2）在贷款利率方面，中国农业发展银行对水利建设贷款执行优惠利率，对国家重大水利工程加大利率优惠。

（3）在资本金比例方面，对水利项目一般执行最低要求 20％。对符合条件的社会民生补短板水利基础设施项目，再下调不超过 5 个百分点。

中国农业银行

中国农业银行就金融支持水利基础设施的相关优惠政策进行了进一步优化：

（1）在贷款期限方面，国家重大水利工程、水利部和中国农业银行联合确定的重点水利项目的贷款期限最长可达 45 年，纳入省级相关水利规划中的重点项目和中小型水利工程的贷款期限最长可达 30 年，水利领域政府和社会资本合作（PPP）项目的贷款期限执行中国农业银行有关规定，具体根据项目类型、现金流测算等因素合理确定，宽限期可基于项目建设期合理设定。

（2）在贷款利率方面，对国家重大水利工程、水利部和中国农业银行联合确定的重点水利项目贷款，执行相应的利率授权政策。对于省级及以上发展改革部门批准的水利项目的法人贷款，一级分行可实施优惠利率，并在权限范围内适度扩大利率转授权水平。

（3）在资本金比例方面，水利项目资本金最低要求比例一般执行 20％，对符合国家有关规定的社会民生补短板水利基础设施项目，在投资回报机制明确、收益可靠、风险可控的前提下，可再降低不超过 5 个百分点。

（4）在信贷评审方面，将国家重大水利工程、水利部和中国农业银行联合确定的重点水利项目，纳入享受差异化政策的总行重大项目名单管理，按规定对水利项目实行容缺受理，并在客户准入、客户评级、授信额度等方面享受差异化政策。

2. 宁夏细化政策落地

2022 年 1 月，根据水利部办公厅和国家开发银行办公室《关于推进农村供水保障工程项目融资建设的通知》（办财务〔2021〕351 号）要求，宁夏水利厅和国家开发银行宁夏分行联合印发《关于推进全区城乡供水保障工程项目融资建设的通知》。2022 年 9 月，根据水利部和国家开发银行联合印发的《关于加大开发性金融支持力度提升水安全保障能力的指导意见》，宁夏水利厅和国家开发银行宁夏分行联合印发了《关于加大开发性金融支持力度提升全区水安全保障能力的实施意见》，重点加大银川都市圈东线、西线、清水河流域等城乡供水一体化工程和"互联网＋城乡供水"工程支持力度。

地方银行贯彻落实中央金融扶持政策
国家开发银行宁夏分行

国家开发银行宁夏分行在有关"互联网＋城乡供水"方面针对以下重点领域开展优惠政策支持：

（1）支持现代水网重大工程，提高水资源优化配置能力。

（2）支持农村供水工程建设，提高城乡供水保障能力，支持"十四五"城乡供水工程。

（3）支持智慧水利建设，提升数字化网络化智能化水平。

采取的具体合作方式包括：

（1）水利厅按照双方重点合作领域事项，定期梳理地方重点项目清单和融资需求并推荐给银行，配合银行指导地方水利部门做好融资对接工作。

（2）开发银行加大水利中长期信贷支持力度，开设贷款审批绿色通道，加大融资模式和金融产品创新力度，为自治区重点水利项目提供信贷支持。

（3）双方共同辅导地方政府或项目实施主体，依据相关规划，根据项目可研报告和水利厅技术审查意见，开发银行运用统一评审、综合算账的方式，为市县重点水利项目提供信贷支持。

（4）对水利厅帮扶点，开发银行在干部培训、农村基础设施建设、产业扶贫、助学贷款等方面给予积极支持；对开发银行扶贫点，水利厅在行业政策、项目规划等方面给予指导和支持。

（5）积极创新推广融资模式。各级水行政主管部门会同国家开发银行宁夏分行，因地制宜创新推广多种融资模式。

中国农业发展银行宁夏分行

中国农业发展银行宁夏分行在有关"互联网＋城乡供水"方面针对以下重点领域开展优惠政策支持：

（1）支持水资源优化配置工程体系建设，包括引调水工程、水源工程、区域水资源配置工程等。重点支持固原市水资源高效利用工程、固原市引黄入彭供水工程、中部干旱带西安供水水源工程等自治区重大水利基础设施项目。

（2）支持城乡供水工程建设，包括中小型水库、农村规模化供水工程、城乡供水一体化建设、老旧供水工程和管网更新改造、小型供水工程标准化建设和改造等。

（3）支持智慧水利建设，包括数字孪生水利工程及水利行业信息化基础设施。重点支持水网智能化、取水监测计量、遥感监测、智能视频监控、水文监测预报等智慧水利建设。

中国农业银行宁夏分行

中国农业银行宁夏分行除按照指导意见中的优惠政策执行外，还对以下金融服务做出了进一步细化：

（1）丰富金融产品。在符合国家法律法规、监管规定以及贷款风险可控的前提下，可统筹运用项目前期贷款、水利贷款、城市基础设施贷款、经营性固定资产贷款、项目融资业务贷款等产品，创新还款来源、抵押担保等模式，满足水利设施建设、调整融资结构的需求。

（2）降低资本金比例。水利项目资本金比例要求一般执行20％。对于符合国家有关规定的社会民生补短板水利基础设施项目，在投资回报机制明确、收益可靠、风险可控的前提下，可适当降低资本金比例，最低执行15％。

（3）提级管理客户。对自治区级及以上发展改革部门批准的水利项目的法人，符合总行、分行级核心客户条件的，优先纳入总行、分行级核心客户管理。对总行、分行级核心客户，中国农业银行宁夏分行各分支机构在安排信贷规模、行业限额、存贷款定价、财务费用等资源时，优先满足水利项目建设需要。积极参与水利基础设施投资信托基金（REITs）试点工作，助力盘活存量资产，扩大水利有效投资。

（4）优化信贷流程。在授权范围内整合业务环节，将项目法人的评级、分类、授信、用信、定价审批权集中在同一层级，推行多事项一并审批，着力提高贷款审查审批效率。对于国家重大水利工程、水利部和农业银行联合确定的重点水利项目，开辟信贷绿色通道，实行信用审查审批优先办结或快办机制，切实提高信贷办理效率。

6.3 ▶ 偿还机制

6.3.1 偿还主体

宁夏城乡供水工程建设融资主要为政府和社会资本合作，各县政府和社会资本按要求筹集资本金，社会资本作为工程实施主体在银行贷款开展工程建设，已使用银行中长期贷款的，偿还主体均为社会资本方。

宁夏城乡供水工程建设使用开发银行贷款的偿还方式主要有如下两种：

（1）项目现金流还款。其主要来源于使用者付费和财政可行性缺口补助。一般采用特许经营或政府和社会资本合作（PPP）模式，由地方政府经合法程序选定特许经营者，负责工程投融资、建设、管理、运营和移交。水费收入能够覆盖供水成本的项目，以水费收入作为还款来源；水费收入难以负担供水成本的项目，由地方政府提供财政可行性缺口补助予以补足。

（2）公司现金流还款。其来自供水企业其他销售收入。一般以大型供水企业为主，通过以丰补欠、以工补农、以城带乡等方式，在新建城乡供水工程建设期或达产初期，将存量项目销售收入用于新建项目贷款偿还。

6.3.2 保障机制

开发性金融支持城乡供水工程融资，主要从建立财政资金保障机制、水价动态调整和补贴机制、存量供水资产盘活机制等三方面展开，在不新增政府隐性债务的情况下，落实项目现金流和综合收益等还款来源，将政府可行性缺口补贴压力向市场和未来分摊，将投资控制在地方财政可承受能力范围内。

1. 财政资金保障机制

按照"省部合作、省负总责、市县抓落实"的工作机制，各县（区）政府调整公共财政水利投入政策，将城乡供水作为财政资金支持重点，纳入本级政府财政预算统筹。按照"大干大支持、小干小支持、不干不支持"的精神，中央、自治区水利投资向"互联网＋城乡供水"项目推进快、成效好的县（区）倾斜。按照财政部、税务总局《关于继续实行农村饮水安全工程税收优惠政策》的相关要求，对"互联网＋城乡供水"项目推进措施有力、效果明显的市、县（区）通过"以奖代补"方式给予财政奖励支持。

2. 水价动态调整和补贴机制

水价只有在反映了供水成本和供水企业适当盈利目标的条件下，才能激发供水企业的积极性。依据《政府制定价格成本监审办法》《城市供水定价成本监审办法》《农村集中供水工程供水成本测算导则》《城镇供水价格管理办法》等，按照城乡供水"同源、同网、同质、同价、同服务"的目标，各县（区）建立水价动态调整和补贴机制，综合考虑供水成本、水资源稀缺程度和用水户承受能力等因素进行水价的调整，原则上应达到或逐步提高到供水运行成本水平。不同情况下水价的调整机制见表6.3。

3. 存量供水资产盘活机制

宁夏引导供水企业积极参与城乡供水项目筹资、工程建设、生产运营与供水服务，通过明晰存量资产产权盘活存量资产，建立工程投融资与建设运行管理相衔接的资产盘活机制。各县（区）政府在确保社会公益职能的前提下，摸清底数、量化评估，灵活采取转让项目经营权、收费权和采取政府和社会资本合作（PPP）等方式盘活存量资产，将一定期限内的管护权、收益权划归特许经营者，通过联片打包整合的方式扩展项目规模和经营性，吸引社会资本投资。鼓励有条件的县（区）探索开展资产证券化（Asset-Backed Security，ABS）、发行不动产信托投资基金（Real Estate Inrestment Trust，REITs），最大限度实现"互联网＋城乡供水"项目自身财务平衡，促进投资良性循环。

表 6.3　　　　　　　　　　不同情况下水价的调整机制

需调整水价的情况	水价调整机制
水资源紧缺、水价承受能力强的地区	逐步提高到完全成本水平
供水价格无法满足供水成本或企业亏损	政府建立水价补贴机制，对供水企业进行补贴或调整供水价格
补贴能力强的县（区）	酌情降低水价，减小水价调整的社会阻力
补贴能力弱的地区	酌情提高水价，保障供水企业的成本回收，合理分摊供水成本

第 7 章

宁夏"互联网＋城乡供水"投融资与建管模式

党的十九大做出实施乡村振兴战略的重大决策部署，要求各地加强推进城乡供水基础设施融合发展，顺应城乡居民对美好生活向往的需要。水利部于 2020 年提出《智慧水利总体方案》，宁夏作为全国智慧水利先行先试省份，率先在全区推行"互联网＋城乡供水"项目。

城乡供水一体化建设往往需要较大规模的资金投入，但城乡供水项目受制于水量小、水源散、管理体制复杂、水费回收率低等难题，与市政供水相比，项目投资吸引力不足，市场兴趣不大，迫切需要创新投融资机制。

宁夏水利厅切实贯彻落实水利部的部署，依据《宁夏"互联网＋城乡供水"示范省（区）建设实施方案（2021 年—2025 年）》等系列文件，探索出政府特许经营方式下的以开发性金融保障为主的授权（Authorize）—建设（Build）—运营（Operate）的融资（ABO）模式，有效解决了"互联网＋城乡供水"建设资金筹措问题；集合工程总承包建设（EPC）模式，保证了从设计采购到施工建设的统一落地；打造出城乡供水一体化专业运营管理模式，大幅提升了供水经营管理服务质量和水平。

7.1 **特许经营投融资模式**

"互联网＋城乡供水"项目不仅需要政府发挥指导和监督作用，鼓励引导社会资本参与工程建设运营，还需要利用市场在资源配置中的决定性作用，提高资源配置效率和效益。

按照政府和市场"两手发力"原则，通过政府授予特许经营权给企业，企业资本再进行融资，形成政府、企业、资本三结合的融资模式，为项目实施提供扎实的资金基础。

7.1.1　特许经营

1. 特许经营模式选择

特许经营模式发端于 20 世纪 70—80 年代，从西方国家开始的公用事业市场化运动，发展到今天已成为世界潮流，无论发达国家还是发展中国家，都在积极探索该种模式的应用。

2015 年，李克强总理在国务院常务会议中指出，开展基础设施和公用事业特许经营，是重要的改革和制度创新，可以扩大民间投资领域，激发社会活力，增加公共产品和服务供给，与大众创业、万众创新形成经济发展"双引擎"。基础设施和公用事业特许经营的范围包括能源、交通运输、水利、环境保护、市政工程等行业。

2015 年，国家发展改革委等六部门联合颁布的《基础设施和公用事业特许经营管理办法》（2015 年第 25 号令）指出，"基础设施和公用事业特许经营，是指政府采用竞争方式依法授权中华人民共和国境内外的法人或者其他组织，通过协议明确权利义务和风险分担，约定其在一定期限和范围内投资建设运营基础设施和公用事业并获得收益，提供公共产品或者公共服务。一般要求项目具备一定的收益性，准公益性或经营性"。

特许经营模式没有固定的方式，需结合具体情况，综合考虑。财政部发布的《关于印发政府和社会资本合作模式操作指南（试行）的通知》（财金〔2014〕113 号）提出，"政府和社会资本合作时，项目运作方式主要包括委托运营（Operations and Maintenance，O&M）、管理合同（Management Contrac，

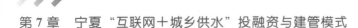
MC）、建设—经营—转让（Build - Operate - Transfer，BOT）、建设—拥有—经营（Build - Own - Operate，BOO）、转让—运营—移交（Transfer - Operate - Transfer，TOT）和改建—运营—移交（Renovate - Operate - Transfer，ROT）等。具体运作方式的选择主要由收费定价机制、项目投资收益水平、风险分配基本框架、融资需求、改扩建需求和期满处置等因素决定"。

宁夏"互联网＋城乡供水"项目属于水利行业基础设施准公益性项目，且具备一定的收益性，符合国家关于基础设施和公用事业特许经营的要求。宁夏将政府的主导监管优势与社会资本的融资、建设、运营等优势统筹融合，在全区"互联网＋城乡供水"项目建设中全面采取了特许经营模式。

根据《宁夏"互联网＋城乡供水"示范省（区）建设实施方案（2021年—2025年）》总体要求，宁夏"互联网＋城乡供水"项目主要通过政府授予特许经营权的方式实施，新建项目"建设—经营—转让（BOT）"、存量项目委托运营（O&M）。项目公司负责新建项目的投融资和建设以及存量项目和新建项目的运营。运营期内项目公司通过使用者付费（主要为水费）来收回投资、建设及运营成本并获取合理回报，不足部分由政府通过可行性缺口补助弥补。经营期满，项目公司将项目所有设施无偿、完好、无负债、不设定担保地移交给项目的实施机构或其指定机构，以此充分发挥社会资本在项目建设、运营、维护等方面的专业技术特长和融资管理优势。

2. 特许经营模式机制

在特许经营前提下，宁夏改变过去供水项目单纯依靠政府资金的状况，充分利用国家开发性金融倾斜政策，创新基础设施投融资机制，将地方政府的供水发展规划、市场监管、公共服务与社会资本的管理效率、技术创新有机结合，通过"两手发力"，提高城乡供水的公共服务质量与效率。

各县（区）通过引入社会资本成立项目公司，项目公司与水行政主管部门签署特许经营协议，约定项目公司负责项目的融资、投资、建设和运营，政府根据协议对项目公司开展监管，并根据绩效考核标准对项目公司开展绩效考核，实现项目的运管分离。项目公司利用社会资本提供的资本金以及特许经营协议约定的预期收益质押获得金融机构贷款，实现项目的市场化融资。宁夏"互联网＋城乡供水"项目的特许经营模式结构如图7.1所示。

为保障特许经营的顺利实施，落实各参与方责任，确保政府和企业的双

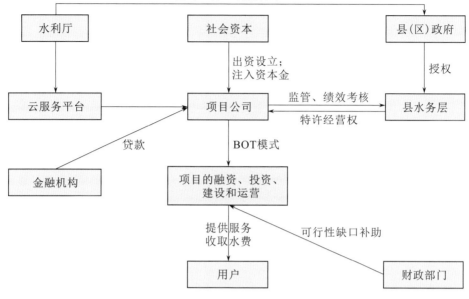

图 7.1 宁夏"互联网＋城乡供水"项目的特许经营模式结构图

方权益，宁夏"互联网＋城乡供水"特许经营提出了如下指导意见。

1. 实施机构建立

县（区）人民政府授权县（区）水行政主管部门作为项目实施机构。县（区）水行政主管部门负责项目的准备、采购、监管和移交等工作，协调存量项目的移交和新建项目的立项、土地、规划等审批手续及相关工作。经县（区）人民政府批准，县（区）水行政主管部门与项目公司（由中标社会资本成立的负责本项目投融资、建设和运营的特许经营主体）签订《特许经营协议》，在特许经营期限内，对项目公司的投融资、建设、运营维护、移交以及其他相关工作进行监督管理。

2. 各单位职责

"互联网＋城乡供水"项目建设期间，各单位主要职责见表7.1。

表 7.1 特许经营的项目各单位主要职责

单位类型	主 要 职 责
县（区）人民政府	1. 建立基础设施和公用事业特许经营部门协调机制，统筹相关政策措施，并组织协调。 2. 授权县水行政主管部门作为本项目实施机构。 3. 对上报的本项目实施方案进行审批。 4. 对中标社会资本签署的《特许经营协议》进行审批

单位类型	主 要 职 责
水行政主管部门（实施机构）	1. 负责项目特许经营实施方案的审核与报批、合作伙伴选择、项目合同签订、项目组织实施、项目绩效检测，特许经营期满移交等工作。 2. 指导项目公司办理本项目前期工作相关手续报批工作，并依法出具相关必要的文件；对项目公司履约情况实施监督。 3. 监督项目公司的施工招标、设备采购、工程竣工验收；负责项目建设、运营监管职责，统一制定相应设施维护标准。 4. 定期监测分析项目建设运营情况，会同财政、发展改革等有关部门进行绩效评价，并建立价格或财政补贴调整机制，保障所提供公共产品或公共服务的质量和效率
项目公司	1. 负责项目投融资，确保相应资金或资金来源落实。 2. 负责项目建设、管理和运行服务，确保项目顺利实施。 3. 严格按照审批的设计文件保质保量按期完成项目建设，确保安全供水，提供优质、持续、高效、安全的供水服务。 4. 定期检修和维护供水项目设施，保证运转正常及经营期满后资产按规定移交。 5. 制定突发事件应急预案，按规定报有关部门。突发事件发生后，及时启动应急预案，保障公共产品或公共服务的正常提供
财政部门	1. 负责与水行政主管部门协调组织开展评价和财政承受能力论证工作。 2. 安排政府补贴的预算支出，并报人大审批
审批部门	负责本项目的可研、立项及初步设计的审批
发改部门	负责项目实施过程中合作期实际执行水价成本监审和调整工作
自然资源部门	负责项目规划、用地手续的审批
环保部门	负责项目环境影响评价的审批
住建部门	负责项目相关施工手续等的办理
审计部门	负责对项目全过程开展审计
司法部门	负责项目合法合规性的审核
税务部门	负责审核项目税后优惠政策是否合适及税收政策落实及纳税执行情况
社会公众	对特许经营活动监督，向有关监管部门投诉，向实施机构和项目公司提出意见建议

3. 项目合作期限

《基础设施和公用事业特许经营管理办法》规定，"基础设施和公用事业特许经营期限应当根据行业特点、所提供公共产品或服务需求、项目生命周期、投资回收期等综合因素确定，最长不超过 30 年。对于投资规模大、回报周期长的基础设施和公用事业特许经营项目（以下简称"特许经营项目"）可以由政府或者其授权部门与特许经营者根据项目实际情况，约定超过前款规定的特许经营期限"。因此，宁夏"互联网＋城乡供水"存量项目和新建项目特许经营期限均为 30 年。

7.1.2　投融资模式

资金投入是"互联网＋城乡供水"基础设施建设的重要保障。党的十八大以来，水利部会同中央有关部门和地方深入贯彻落实中央决策部署，坚持政府和市场两手发力，健全公共财政水利投入稳定增长机制，加强对水利工程建设的金融支持，鼓励和引导社会资本参与水利工程建设，不断深化水利投融资体制机制改革。目前国内基础建设投融资模式多种多样，在水利投融资中采用的主要模式为政府投资和企业融资，其中企业融资模式包括 BOT、PPP 及 ABO 等，但在具体应用时多以组合模式融资。在推动城乡供水项目融资时，各地根据其实际情况、财政承受能力分析以及项目预期收益等因素，综合考虑后选择适宜的投融资模式。

城乡供水项目投资规模大、资金筹措难，在县级财力承受能力有限的情况下，如何利用市场融资且不触及地方财政债务红线是各级地方政府亟待解决的问题。在投融资方面，传统政府投资模式下政府需要在当期举借大量债务，造成融资的资源减少、融资成本上升、后劲不足。市场化运作引入社会资本的方式，不仅能够有效缓解政府对项目的当期投资压力，减少政府支出压力，平滑支出，降低金融风险，还可以促进投资主体多元化，发挥政府和社会资本的优势，形成互利合作关系，以最有效的成本为公众提供高质量服务。

宁夏在新建"互联网＋城乡供水"项目建设中，按照"新经济"范式，探索出了政府、企业、社会资本三结合的 ABO 融资模式，该模式强调项目的运营和收益，没有 PPP 项目需要财政占比小于 10％红线的硬性要求，为部分财政占比较高的县（区）提供了多元化的运作方式。在资金筹措上，一方面积极争取中央专项、地方债、专项债、特种债等债券资金，统筹整合各类涉农资金，配套地方财政资金，加大项目建设资金投入；另一方面通过"两手发力"的方式对供水制度、水价及补贴等进行制度创新，在维护政府和项目公司双方利益的同时确保工程能够长效运行。

"互联网＋城乡供水"常见的投融资模式

"互联网＋城乡供水"常见的投融资模式包括建设—经营—转让（BOT）、政府和社会资本合作（PPP）和授权—建设—运营（ABO）3种，简要介绍如下：

（1）BOT（Build-Operate-Transfer）意为"建设—经营—转让"，是社会资本获得政府授予特许权后，投资、建设基础设施，通过向用户收费实现利润。特许期结束后社会资本归还设施所有权给政府。该模式下的回报机制主要包括政府付费、使用者付费和可行性缺口补助三种方式。

BOT模式能够减少项目对政府财政预算的影响，使政府能在自有资金不足的情况下，仍能实施一些基建项目；并且政府将全部项目风险转移给企业，政府可以避免大量的项目风险；此外，该模式将企业效率引入公用项目，可以极大提高项目建设质量并加快项目建设进度。

但是BOT模式也存在政府和企业前期谈判协商过程过长、投资方和贷款人风险过大、企业引进先进技术和管理经验积极性不足以及特许期内政府对项目控制权较弱的缺点。

（2）PPP（Public-Private-Partnership）即"公私合作"模式，也称作"政府和社会资本合作"模式。该模式下，社会资本承担设计、建设、运营、维护基础设施的大部分工作，并通过"使用者付费"及必要的"政府付费"获得合理投资回报，政府部门负责基础设施及公共服务价格和质量监管。

PPP模式有效转换政府职能，政府从基础设施公共服务的提供者变成监管方；该模式下政府和社会资本发挥各自优势，以最有效的成本为公众提供高质量服务；且PPP模式下风险分配合理，政府在分担风险的同时也拥有一定的控制权。

然而PPP模式在确定合作公司时较为困难，政府在合作中也需要承担一定风险；而且该模式组织形式复杂，管理协调难度较大。

（3）ABO模式（Authorize-Build-Operate）是政府通过竞争程序

或直接签署协议方式授权相关企业，并由其向政府方提供项目的投融资、建设及运营服务，合作期满后由政府方按约定给予一定财政资金支持的合作方式。

ABO模式可以实现资源的有效配置，促进经济增长，并在一定程度上加快公共基础设施建设项目的进程。一方面银行愿意贷款给有政府背景的融资平台公司，可以降低风险，并且政府也可以利用这个平台来提高政府资源的利用效率，均衡发展；另一方面地方融资平台所筹集到的资金大部分都集中在了公共基础设施建设项目上，为地方经济的发展提供了可靠基础。

ABO模式下，虽授权社会资本方履行项目业主职责，但实际上却发挥着筹集项目建设资金的融资功能。政府方除建设期补贴外，在运营维护期也需逐年支付服务费，而非先有预算再采购或者事前经财政承受能力评估且事后列入预算管理，对于政府方的支出责任无法有效预期和控制，存在形成政府方隐性债务的可能性。

7.1.3 投融资保障措施

宁夏回族自治区人民政府为进一步推进先行区城乡供水一体化项目建设，充分调动市场积极性，不仅对水利投融资机制进行了改革，扩宽建设资金筹措渠道，完善金融结构化融资，而且还着力完善投融资保障措施，激发市场主体对城乡供水的投资积极性。主要措施如下：

（1）县（区）主责，自治区级支持。县（区）政府发挥资金筹措主责作用，多渠道筹措项目建设资金，特别是争取社会资本、金融资金等大额、长期、低成本的资金支持，宁夏水利厅会同相关部门按照相关政策给予自治区级统筹支持。

（2）选定主体，授权使用。"互联网＋城乡供水"项目以"投、建、管、服"一体化模式开展，积极引进社会资本实施。县（区）政府可授权本县（区）水行政主管部门作为实施机构选定项目公司，项目公司按协议约定筹措建设资金。

（3）积极争取，多元筹措。县（区）积极争取转移支付和债券资金。整合专项资金、盘活存量资金，引导撬动社会资本、产业基金、银行贷款等。

（4）加强考核，奖补激励。加强考核和监督检查，建立资金奖补激励机制，引导激励县（区）积极主动推进工程建设。宁夏水利厅按照 "大干大支持、小干小支持、不干不支持" 的原则，在安排中央、自治区级水利投资时，对 "互联网＋城乡供水" 工程推进快、成效好的县（区）给予项目资金支持。

（5）督查指导，责任追究。各县（区）依法依规推进项目立项、"两评一案"（特许经营项目物有所值评价、财政可承受能力评价以及实施方案）报批等工作，做好债务风险评估，确保资金安全、专款专用、规范使用。银行对项目资本金、银行贷款资金按照 "穿透原则" 进行审查认定和监管。

（6）建立合理的投资回报机制。各县（区）严格做好引进社会资本物有所值评价、财政承受能力论证，按收益共享、风险分担的原则，赋予特许经营合作主体以水费收入作为项目回报。当项目收益无法满足社会资本合理回报时，在不增加地方债务红线的前提下，政府给予适当的可行性缺口补助。

（7）建立动态的水价调节机制。按照国务院办公厅《关于清理规范城镇供水供电供气供暖行业收费促进行业高质量发展的意见》（国办函〔2020〕129 号）要求，供水价格应纳入县（区）定价目录，实行政府定价或政府指导价，建立健全 "补偿成本、合理收益、分类定价、促进节水、公平负担" 的工程良性运行水价形成机制。在严格成本监审的基础上，综合考虑企业生产经营及行业发展需要、用水户承受能力，以居民可承受水价为运营初期基准水价，以 "准许成本＋合理收益" 的全成本水价为中期目标，建立区间动态调价机制，实现工程良性运行。

7.2　EPC 总承包建设模式

宁夏 "互联网＋城乡供水" 涉及全区 22 个县市近 700 万人口，在传统建设模式下，经常存在设计与施工衔接不足和脱节的现象，沟通协调和管理效率低，建设速度慢，建设周期长。因此，宁夏 "互联网＋城乡供水" 工程亟需探索出一种高效率、省时间、高质量的建设管理模式，在有限的时间内保质保量完成"互联网＋城乡供水"示范省区建设。

7.2.1 建设模式选择

随着现代科技水平的不断提高，我国的工程施工技术有了明显的进步，特别是近几年来，随着建筑行业的快速发展，设计—招标—建造（DBB）、代建制、EPC、PMC 等建设模式在建筑施工行业得到广泛应用和发展，不断适应着具体项目环境。

"互联网＋城乡供水"常见的建设模式

"互联网＋城乡供水"常见的建设模式包括代建制、设计—招标—建造（DBB）、设计采购施工一体化（EPC）和项目管理承包（PMC）4种，简要介绍如下：

（1）代建制是指政府投资公益性项目，选择代建单位负责项目的投资管理和建设实施组织工作，竣工验收后移交给交付使用单位。

代建制业主的组织协调工作量小，有利于控制工程质量，有利于缩短建设工期。但也存在诸如管理承包商仅承担项目管理的责任，业主承担建设中实际发生的一切费用，承担项目的全部风险，代建商不承担风险，业主对工程总造价不易控制等缺点。

（2）DBB（Design－Bid－Build）也称为平行发包模式，是由业主委托工程师进行项目前期工作，立项后再通过招标方式确定设计、施工的承包商；工程师为业主提供施工管理服务。具有管理方法成熟，设计要求可控制，可自由选择工程师；采用标准合同文办，有利于合同管理、风险管理和减少投资等优点。但也存在项目周期长，管理费用高；设计可施工性差容易出现重大变更，无法控制工程造价，事故责任划分难，后期运维难，工程寿命短等缺点。

（3）EPC（Engineering Procurement Construction）是总承包方受业主委托，按照合同约定对工程建设项目的设计、采购、施工、试运行等实行全过程或若干阶段的承包。

EPC模式的优点包括：设计、采购和施工统一管理，保证设计与施工质量，有效控制工程造价；业主的管理难度低，节省人力、物力资源；工作范围和责任界限清晰，建设期间的责任和风险最大程度地转移到总承包商；项目可行性研究和初步设计深度深，投资总价可控性强，设计变更较少，合同关系简单，招标成本低等。

由于业主对工程实施过程参与程度低，管控力度低，EPC模式依赖承包商对工程全程控制；总承包商负责项目质量、安全、成本和工期，风险较大；由于采用总价合同，承包商获得业主变更令追加费用的弹性小；承包商需要在多领域具备较高的技术和管理能力，项目成员的素质要求高。

（4）PMC（Project Management Consultant）即项目管理承包模式，指项目管理承包商代表业主对工程项目进行全过程、全方位的项目管理，包括进行工程的整体规划、项目定义、工程招标、选择EPC承包商，并对设计、采购、施工、试运行进行全面管理，一般不直接参与项目的设计、采购、施工和试运行等阶段的具体工作。

PMC模式具有如下优点：管理承包商可在项目管理方面发挥其专业技能，统一协调和管理项目的设计与施工，减少矛盾；项目的设计可进行优化，实现项目生存期内成本最低；在保证质量优良的同时，有利于承包商获得对项目未来的契股或收益分配权，缩短施工工期，在高风险领域，通常采用契股方式来稳定队伍。

然而，PMC模式由于业主参与工程度低，变更权利有限，协调难度大。此外，对于业主方而言，选出一个高水平的项目管理公司存在很大难度。

通过分析比较，结合宁夏工程建设实践经验，宁夏"互联网＋城乡供水"工程最终选择EPC模式，以政府购买服务的方式，通过招投标选择专业化的企业负责项目的设计、采购和施工任务，高标准、高质量、高效率地建设城乡供水工程。

EPC 模式的优势

EPC 模式相较于传统的设计与施工分开的管理模式具有以下优势：

（1）招标程序合为一体，合同关系简单，减少招标成本。与传统模式设计、施工分开招标相比，EPC 模式下招标程序缩减，合同关系简化，招标成本减少。

（2）固定总价合同，有利于控制总投资。通过强化项目前期工作，提高项目可行性研究和初步设计深度，可实现对投资总价的控制，同时减少设计变更，保证工期。

（3）降低业主多头管理，避免纠纷。EPC 承包商承担了设计、采购、施工的全部责任，即称单一责任。合同责任界面清晰、明确，避免了传统模式中设计、施工责任不清导致的纠纷。

（4）有利于提高工程建设质量和效益。EPC 模式的设计方即是施工、采购方，在设计阶段能充分考虑采购、生产和施工要求，最大限度地发挥总承包商的积极性，达到降成本、缩工期、保质量的目标。

7.2.2 体制机制建设

宁夏"互联网＋城乡供水"EPC 建设模式，各县（区）以发展改革部门为项目建设主管部门，行政审批部门为项目审批单位，水行政主管部门为项目监管单位。项目公司作为项目的实施主体，按照批复规模、标准和内容组织工程实施，执行基本建设相关管理办法和程序，确保工程质量和施工安全。

工程参建各方需严格执行《水利工程建设安全生产管理规定》（水利部令第 26 号），实行项目法人责任制、建设监理制、招标投标制和合同制管理，落实各项安全责任，健全各项制度，确保施工安全。规范项目资金的使用和管理，加强对资金使用的监督、检查和审计。工程竣工后及时进行验收，按期投入运行，发挥工程效益。

7.2.3 建设过程管理

宁夏"互联网＋城乡供水"按照项目建设过程可划分为项目前期、采购、执行、运行管理和移交等阶段。

1. 项目前期阶段

（1）成立工作机构。县（区）人民政府成立项目建设工作领导小组，明确有关部门职责，授权县（区）水行政主管部门作为项目实施机构。项目实施机构在授权范围内负责"互联网＋城乡供水"项目实施方案编制、社会资本方选择、项目合同签署、项目组织实施和合作期满项目移交等工作。

（2）编制可研报告。各县（区）项目实施机构负责项目前期论证及可研报告编制，遵循《宁夏"十四五"城乡供水规划》总体目标要求。可研报告编制完成后，由项目实施机构委托咨询公司审查并出具咨询意见，报县（区）行政审批部门审批。

编制"两评一案"报告。各县（区）项目实施机构委托第三方专业机构开展项目特许经营可行性评估，编制项目特许经营实施方案，组织开展物有所值评价和财政承受能力论证，提请同级财政部门审核，报县（区）人民政府审定。

2. 项目采购阶段

（1）选择社会资本方。各县（区）"互联网＋城乡供水"项目特许经营实施方案经当地县级人民政府审议通过后，项目实施机构根据《中华人民共和国政府采购法》《中华人民共和国政府采购法实施条例》等规定，按照"公开、公平、公正、择优、高效"的原则，通过招标采购等竞争方式，综合项目合作伙伴的专业资质、技术能力、管理经验、经营能力、财务实力及信用状况等因素，择优选择诚实可信、安全可靠的合作伙伴。

（2）签订特许经营协议。各县（区）项目实施机构会同有关部门依据经审查批准的特许经营项目实施方案，组织起草项目特许经营协议草案，并会同同级财政、发展改革等部门进行审核，经县（区）人民政府审定后，由县（区）人民政府或经其授权的实施机构与中选社会资本方签订正式特许经营协议，明确约定双方的责任、权利和义务，并明确禁止性条款。

3. 项目执行阶段

（1）设立项目公司。各县（区）项目实施机构会同同级财政、发展改革等部门监督社会资本方按照合同约定，按时足额出资设立项目公司，开展项目融资并负责项目建设与运营管理。项目公司可由社会资本方单独出资组建，也可由县（区）人民政府授权单位（不包括项目实施机构）与社会资本方共同组建。

（2）组织项目实施。项目公司根据可研报告组织编制初步设计，报县（区）行政审批部门审批后实施。项目公司按合同约定建设活动，执行基本建设程序，对项目质量、安全、进度和投资负总责，并接受当地人民政府和相关部门的监管，定期报告。市、县（区）人民政府统筹项目的监督管理，强化质量、安全监督，落实责任追究制度，确保工程质量安全和综合效益发挥。

（3）强化建设管理。市、县（区）人民政府统筹有关部门加强对项目实施的监督管理，严把资质准入、设计标准、工程建设和竣工验收等"四道关口"，加强工程项目审批、资金使用和建设管理风险防控，及时消除问题隐患，杜绝违法违规行为，切实保障工程质量和效果。

4. 项目运行管理阶段

（1）落实运行管理责任。项目公司按合同约定依法开展项目经营和管理活动，向用户提供符合水量、水质要求的供水产品和服务，保障正常供水。同时落实工程运行管护责任，组织人员做好水源巡查、工程运行管理、水质检测、水费收缴和供水设施维修养护工作，供水水量、水质和水压等指标须符合国家规定标准。建立并落实供水投诉咨询受理机制、供水安全应急保障机制，接受水行政和发展改革、卫生健康、市场监管等相关部门的监管。

（2）落实行政监管责任。各县（区）按照《宁夏城乡饮水安全工程管理办法》建立城乡供水工程县级维修养护资金保障机制，落实城乡饮水水质检测中心运行经费，建立合理水价形成、动态调整及补贴机制，确保项目顺利实施和良性运行，保障项目公司合理收益。县（区）水行政主管部门加强化管理和监督指导，督促项目公司加大工程运行管理、水处理等专业技术人才培养力度，对农民加强供水工程保护、积极交纳水费、节水惜水意识的宣传引导。

（3）开展供水监测评价。项目实施机构根据特许经营协议，定期组织有关中介机构、专家、用户对供水单位的运营情况进行监测评价，评价结果及时向社会公布，保障城镇供水的质量和效率。

5．项目移交阶段

各县（区）"互联网＋城乡供水"项目实施机构按照"两评一案"合理确定特许经营期限，按照"平等协商、权责对等"的原则，合理分配项目风险，健全完善风险防范机制。项目合作期满后，及时组织开展项目移交工作，项目公司按照合同约定的形式、内容和标准，无偿移交项目资产给指定政府部门；需继续合作的，与原合作方协商后签订合同。

7.3　一体化运行管理模式

运行管理专业规范是保障城乡供水安全的关键。水利工程普遍盈利能力较差、回款期长，对社会资本的吸引力差。因此，创新有效的城乡供水运行管理模式，建立合理的回报机制，使投资者对供水工程回报率有良好的预期，是吸引社会资本投入供水工程建设的有效途径，是维护城乡供水工程良性持续运行的发条，是"互联网＋城乡供水"建设的助力器。

7.3.1　管理模式选择

2005 年以来，宁夏城乡供水工程的管理经历过群众自管、村集体管理、水行政主管部门直管、城乡用水户协会管理等模式。为确保"互联网＋城乡供水"工程的长效运行，工程运行管理模式改革与提升，建设依法监管、产业良性、安全可控、服务便捷的供水管理服务体系。

根据宁夏的探索及实践，为实现城乡供水"同源、同网、同质、同价、同服务"的目标，根据《宁夏"互联网＋城乡供水"示范省（区）建设实施方案（2021 年—2025 年）》和《关于规范"互联网＋城乡供水"项目水价形成机制及动态调整工作的指导意见》有关精神，各县（区）结合自身具体情况，在政府授权特许经营框架下，灵活采用新建项目（BOT）＋存量项目（O&M）的模式，将项目运营管理授权给专业化公司负责，实行专业化、企业化和市场化的城乡供水一体化管理的运营模式。

城乡供水一体化运营模式实施配套措施

为保障城乡供水一体化工程管理的运营模式顺利实施，在宁夏回族自治区人民政府公布《宁夏农村饮水安全工程管理办法》的基础上，宁夏水利厅先后出台了《宁夏农村饮水安全项目建设管理办法》《宁夏农村人畜饮水工程供水价格管理试行办法》《宁夏村镇供水工程技术导则（试行）》《宁夏农村供水工程水费收缴工作方案》等，各县（区）也出台了相应的管理办法或实施细则，为有关单位和企业加强农村供水工程管理提供了法规政策依据。各县（区）建立了水价补偿机制，11个县（区）建立并落实了农村供水工程水价补贴和维修养护资金保障机制，县（区）财政对水价、工程运行管理予以资金补贴和补助，其中贺兰、盐池、红寺堡、彭阳等县（区）将水价补贴纳入县级财政预算，增强了资金保障。此外，水利厅把水费收缴作为解决工程后天管护不足问题、促进工程良性运行的重要措施和有效手段，制定出台了《宁夏农村供水工程水费收缴工作方案》，督促指导各县（区）加大水费收缴工作力度，切实提高水费收缴率，保障农村供水工程顺利运行，同时全面推行"互联网＋城乡供水"管理模式，取得了节水、减员、降本、增效的突出成效。

5种常见的城乡供水管理模式对比见表7.2。

表7.2　　　　　　　　　常见的城乡供水管理模式对比

管理模式	适用条件	优　点	缺　点
村集体管理	集体经济条件较好，供水工程经济效益较差的村，特别是采用村级自备井单村供水的地区	增强农民用水户的参与意识；充分调动了群众参与工程管护的积极性	管理人员管理能力普遍较低，难以满足工程维修保养的需要
城乡用水户协会管理	适用于乡镇、村集中兴建的小型供水工程	工程集约化管理；水费收取与支出严格执行专款专用	普遍缺少专业技术人员；难以做到专业化管理，保障工程长效运行
水务部门直管	适用于跨乡镇的较大供水工程	产权明晰，管理机构明确，管理责任落实，增加工作透明度	管理成本较大

续表

管理模式	适用条件	优 点	缺 点
城乡供水一体化管理	适用于急于解决城乡居民安全饮水问题，缩小城乡差距的地区	专业化管理，能够及时解决工程运行过程中出现的问题，并有维修资金的支付能力	投资大，实施难度大，成本高
采用承包方式出让经营权	适合中小型供水工程	管理规范，运行成本较低	监管不严可能存在承包后不维修、不养护的问题

7.3.2 管理体系建设

1. 供水单位职责

供水单位要依照法律、法规、文件和相关标准的规定，规范从事生产经营活动，保证供水和涉水产品卫生安全，及时公布供水有关信息，接受社会监督。优先保证工程设计范围内村镇居民的生活饮用水的供应，统筹兼顾二、三产业及其他用水需求，并按质、按量、按时、安全地将水送至用水户。

供水单位要强化内部管理，合理设置岗位，择优配备人员，努力提高供水服务质量，降低运营成本。建立档案制度，将工程规划、可行性研究、勘测设计、施工质量验收、水质化验等报告，工程更新改造资料，工商注册、经营许可、上级批复等相关证件，相关管理规章制度运行维护记录等及时归档，实现标准化管理。建立健全成本核算制度，完整准确记录与核算生产经营成本和收入，向价格主管部门如实上报上一年度生产经营及成本情况，通过指定平台公布供水业务收入、成本、具体执行价格等相关信息。

供水单位应对用水户登记造册，与用水户签订供水用水合同（协议），明确供用双方的权利、责任和义务，按供水合同、协议等约定及时提供供水服务。在供水管道入户处安装计量水表，按时抄表收费，使用统一的免税票据，开票到户。建立服务热线，公开水价、维修服务等事项，接受用水户问题投诉和咨询，宣传饮用水卫生安全、节约用水和用水缴费等知识；对停水断水漏水等问题，应明确维修服务时限，因施工、维修等原因临时停止供水时，应预先通告，当停水时间较长时，应经主管部门批准后实施，并采取有效应对措施。

2. 日常供水体系

供水单位按照国家和自治区规定的服务标准向用户提供供水服务，提供水量、水质和水压等符合国家规定标准的饮用水；按照技术标准和有关文件要求定期检测原水、出厂水、末梢水水质，定期检测和维修养护，向县级水行政主管部门报送水质报表和检测资料。定期公开水价、水费收支等情况。

城乡供水监督部门负责行业监管，保障供水单位服务质量达标。用水单位和个人应当保证入户计量水表的正常使用，并按时交纳水费。

3. 收费服务体系

供水单位应在县及乡（镇）民生服务大厅设立窗口或者单独设立便民服务点，方便用水户办理新增、报停、维修、交费等用水业务。公开服务承诺、办事制度、办事流程、收费项目和收费标准，接受监督。

供水单位抄表员按照不超过 3 个月为周期开展入户抄表，依法依规合理计费，缴费通知单在查表后现场打印或 3 个工作日内送达。具备条件的供水单位，可利用"互联网＋城乡供水"系统，向用水户提供手机 APP 缴费和微信、支付宝等网上缴费以及银行代扣水费等便民服务，推广水费收缴电子票据。

4. 抢修保障体系

供水单位应组建抢修队伍，或以社会购买服务的方式聘用抢修队伍，保证常用管件器材储备和应急调配，尽量做到全天 24 小时提供供水故障报修和投诉等服务。用水户供水设施需要维修时，供水单位应当及时维修，并实行限时服务。维修工程需要临时占地的，由受益地区人民政府负责协调解决。

供水单位不得擅自停止供水。因供水工程施工或者供水设施维修等原因确需暂停供水的，一般应当在停水前 24 小时通知用户。因灾害或者紧急事故无法提前通知的，应在抢修时同时通知用户，并报告当地人民政府和水行政主管部门。若连续超过 72 小时不能恢复正常供水，供水单位应采取应急供水措施，保证用水户生活用水的需要。

5. 服务监督体系

供水单位应设置供水热线电话，方便用户反映供水问题并及时抢修，向用户提供供水业务咨询。自治区各级水行政等主管部门应当向社会公布生活饮用水卫生安全投诉举报电话。同时，应向社会公示宣传包括水利部 12314 监督举报服务平台在内的各级供水问题举报电话。

县级水行政主管部门负责组织乡镇（街道）政府和供水单位，在乡镇（街道）政府所在地、村委会等场所和显著位置公布供水服务热线电话、服务指南等，方便群众办事，接受群众监督。

7.3.3 水价调整机制

1. 水价制定情况

根据宁夏 2020 年水价调查数据，宁夏 486 处农村集中供水工程已全部定价。由于农村居民生活水平相对较低，价格主管部门大多按运行成本水价或在更多考虑农民群众可承受能力前提下核定农村供水水价，大部分供水工程执行水价达不到运行成本。除盐池、海原、中宁、彭阳、原州 5 个县（区）执行2015 年以后制定的水价外，多数县（区）目前执行的仍是 2015 年以前制定的水价，部分县（区）执行的还是 2000 年以前制定的水价。根据测算，全区农村集中供水工程全成本水价平均为 3.8 元/m³，运行成本水价平均为 2.8 元/m³，执行水价平均为 2.3 元/m³。目前全区城乡供水工程水价核定在 0.95～6.5 元/m³ 之间，其中泾源县执行水价最低（0.95 元/m³），海原县高崖乡和灵武市马家滩镇执行水价最高（6.5 元/m³）。总体上，全区城乡供水水价表现为中部干旱带高于南部山区，南部山区高于引黄灌区，扬水片区高于自流片区。

《宁夏农村饮水安全工程管理办法》摘要

国家投资为主建设的农村饮水安全工程，供水价格实行县级以上人民政府定价，跨县的工程供水价格，由设区的市人民政府价格主管部门会同同级水行政主管部门定价；大型及跨市的工程供水价格由自治区政府价格主管部门会同同级水行政主管部门定价。利用其他方式投资建设的农村饮水安全工程，供水价格由投资方和政府价格主管部门协商确定，并报同级水行政主管部门备案。农村供水工程供水价格按照实际供水量的运行成本结合农民的承受能力进行定价，价格达不到运行成本的，由县级以上人民政府对农村饮水安全工程管理单位实行差额补贴。农村供水工程以灌溉渠道水、水库水为水源的，按农业灌溉供水价格缴纳原水费。

2. 水价执行情况

宁夏全区城乡供水工程实行按基本水量和超过基本水量按实用计量水量收取水费的两部制水价及用水超定额累进加价制度。如平罗、青铜峡、盐池、隆德等县（区）制定了"基本水价＋计量水价"的两部制水价，其中青铜峡全市人畜饮水价格为1.7元/m³，每月每户基本用水量核定为2m³，超过2m³的按实际用水量计量收费。原州、彭阳、沙坡头等县（区）执行阶梯式水价，分为三级（级差为1∶1.5∶2），其中一级用水量在6m³/（户·月）以内的，执行基本水价5元/m³；二级用水量在7～10m³/（户·月）以内的，水价在基本水价基础上加价50％；三级用水量在11m³/（户·月）以上，水价在基本水价基础上加价100％。

根据调查，彭阳、西吉、惠农3个县（区）目前已实现城乡供水同源、同网、同质、同价、同服务；利通区和泾源县农村水价低于城市水价（低43％左右）；银川市三区两县（兴庆区、金凤区、西夏区、永宁县、贺兰县）和平罗、沙坡头、青铜峡3个县（区）农村水价略高于城市水价4％～20％；灵武、同心、盐池、原州、隆德、中宁、海原7个县（区）部分片区农村水价远高于城市水价，且距水源越远水价越高。如同心县农村水价比城市水价高57％。同心县目前供水价格未完全达到运行成本，差额部分由政府补贴的工程维修养护资金进行填补，农村水价与城市水价对比见表7.3。

表7.3 农村水价与城市水价对比

供水区域		农村水价		城市水价	
		水价/（元/m³）	制定年份	水价/（元/m³）	制定年份
城乡同价	彭阳县	2.6	2017	2.6	2017
	西吉县	2.3	2018	2.3	2018
	惠农区	1.6	2014	1.6	2018
农村水价低于城市水价	泾源县	0.9	2018	1.3	2018
	利通区	1.5	2010	2.15	2017
	大武口区	1元/m³ 或 5元/（户·月）	2005	1.6	2018
农村水价略高于城市水价（高20％以内）	银川市三区	2.0～2.5	2014—2016	2.4	2017
	贺兰县	2.0	2019	1.6	2012
	永宁县	1.75～1.8	2010	1.6	2010

续表

供水区域		农村水价		城市水价	
		水价/(元/m³)	制定年份	水价/(元/m³)	制定年份
农村水价略高于城市水价（高20%以内）	平罗县	1.5	2010	1.8	2015
	沙坡头区	2.0	2010	1.6	2013
	青铜峡市	1.8	2007	1.5	2016
农村部分片区水价明显高于城市水价（高50%以上）	灵武市	1.4～4.5	2005—2018	1.6	2016
	原州区	2.3～4.5	2019	2.3	2019
	隆德县	3.0	2015	1.6	2011
	同心县	4.0	2011—2013	2.55	2006
	盐池县	4.0	2013	2.4	2019
	中宁县	基本水价5元/月、计量水价2.8元/m³	2017	1.6	2015
	海原县	3.0～6.5元/m³	2012—2017	2.4	2017

3. 水价补贴情况

宁夏各县级财政能力普遍有限，除覆盖原州、彭阳、西吉、海原4个县（区）的宁夏中南部城乡饮水安全工程和灵武、同心、沙坡头3个县（区）对当地部分供水工程实行水价补贴外，其他县（区）暂未出台水价补贴相关政策。

自治区政府2017年第4期专题会议纪要确定，中南部城乡饮水安全工程水源价格与成本的差额由自治区和市县财政按照5∶5的比例分摊补贴，期限3年。截至2019年年底，自治区财政共向4个县（区）补贴6213万元，其中，原州2514万元、西吉1392万元、彭阳545万元、海原1762万元。

4. 水费收缴及维修养护资金使用情况

截至2021年年底，全区22个县（区）平均水费收缴率为95.1%。全区千人以上供水工程应收水费1.88亿元，实收水费1.84亿元，水费收缴率为97.9%。按成本收费的有175处，占全部工程的36%。

近年来，各县（区）先后组织实施了一批农村供水工程改造提升和维修养护项目，对早期建设标准低、管网老化、影响群众饮水安全的管道、阀井、水表等供水设施设备进行了更换，供水保障水平逐年提升。仅2021年，各县（区）实施城乡供水工程改造提升项目投入资金3814万元，实施维修养护项目投入资金 4899 万元，累计投资 8713 万元。

5．水价动态调整程序和依据

为规范城乡供水水价调整，宁夏水利厅出台《关于规范"互联网＋城乡供水"项目水价形成机制及动态调整工作的指导意见》，对城乡供水水价调整程序和依据提出了严格规范与要求，保证了全区城乡供水水价动态调整机制的健全与完善。其主要规定如下：

（1）科学核算水价承受能力。城乡供水水价应以城乡居民水价承受能力为上限。水价承受能力核算要科学合理，要设计合理的实地调研、问卷调查；综合考虑城乡居民水费支付意愿、用水量、可支配收入等水价承受能力关联因素，结合水价承受能力数学计算模型计算获得。在制定或调整城乡供水价格前，应委托第三方机构对当地水价承受能力进行调查、评估和测算。

（2）建立合理动态调价机制。城乡供水价格应定期校核，校核周期原则上不超过 3 年。城乡供水价格超过周期未校核的，供水企业应及时向价格主管部门提出价格调整申请，价格主管部门按照价格调整程序论证，水行政主管部门做好配合工作。城乡供水价格调整过程中应综合考虑当地经济发展水平和用户承受能力等因素，分步、分阶段调整到位，避免价格大幅波动。城乡供水水价动态调整工作流程如图 7.2 所示。

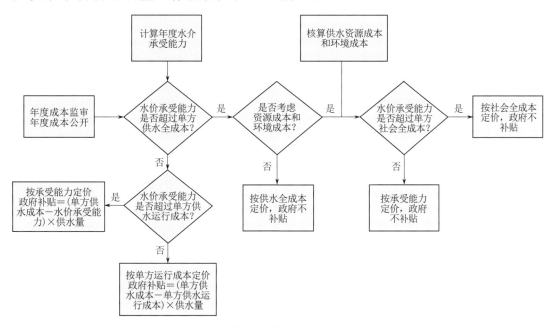

图 7.2　城乡供水水价动态调整工作流程图

（3）完善水价政府补贴机制。城乡供水价格动态调整后，地方政府按照成本监审和最终定价结果，测算政府给予供水企业的缺口性补贴总额。地方政府根据财政收入情况，评估城乡供水缺口性补贴能力。实现城乡供水一体化的地区，当地人民政府可按照定价程序适当提高城市供水价格，合理分摊城乡供水成本，实现城乡供水的 "同源、同网、同质、同价、同服务"。

（4）参考供水质量进行调价。城乡供水价格调整将制水、输水、配水、水质达标和用水保障情况作为确定企业合理收益的重要因素。各地水行政主管部门定期对供水企业的供水质量进行评估。以供水质量作为水价调整的重要依据，纳入城乡供水水价动态调整机制。

6. 水价动态调整保障措施

一是加强组织领导。各市、县（区）人民政府应履行主体责任，强化对本行政区域城乡供水价格制定和调整工作的组织领导，明确目标任务，完善工作机制，建立城乡供水定期成本监审和公开制度、供水质量评价制度、水价监测评价制度、水价执行奖惩制度等，因地制宜出台城乡供水价格管理办法，建立相应考核机制和切实可行的城乡供水价格核算和调整措施。

二是强化分工协作。县级以上人民政府价格主管部门定期进行成本监审、公开成本信息，县级以上水行政主管部门配合当地价格主管部门结合监审结果，进行水价承受能力评估，制定水价动态调整方案，协助价格主管部门做好城乡供水价格核算和调整工作，并纳入 "互联网＋城乡供水" 项目实施内容，强化对供水企业的行业指导，落实供水质量评价制度。财政部门要评估当地政府缺口性补贴承受能力，按照水价调整方案对应的缺口性补贴方案，落实政府对供水企业的缺口性补贴和水价执行奖惩制度。

三是加强水费收缴。按照实现城乡供水工程全面收费、用水户全面缴费的目标，各地水行政主管部门建立健全水费收缴工作机制，以 "互联网＋城乡供水" 项目建设为契机，不断完善供水计量设备，在积极稳妥推行安装具备远程数据采集传输、监测计量、分析应用等功能的智能水表基础上，监督指导供水企业优化水费收缴流程，改进水费收缴方式，实现收费形式多样化、收费手段灵活化，切实提高水费收缴率，确保城乡供水工程良性运行。

四是加强宣传引导。各地价格主管部门和水行政主管部门应做好城乡供水价格制定和调整的相关政策解读及宣传工作,积极引导群众了解政策、理解政策、支持调价,同时大力宣传"节约用水、有偿用水"理念,不断提高城乡居民的水商品意识,形成全社会广泛支持城乡供水价格制定和动态调整工作的良好舆论氛围。

第 8 章

"互联网＋城乡供水"
模式探索与应用

为深入贯彻落实党中央、国务院关于提高城乡供水保障水平总体部署，将全面推进乡村振兴与巩固脱贫攻坚有效衔接，宁夏围绕提升城乡供水保障能力和服务水平开展了一系列行动。从彭阳县"互联网＋农村供水"的探索与创新，到固原市"互联网＋城乡供水"的迭代与升级，再到全自治区"互联网＋城乡供水"省级示范区建设，宁夏在探索实践城乡供水高质量发展的道路上迈出了坚实的脚步。

8.1 ▶ 彭阳县"互联网＋城乡供水"创新与实践

从"互联网＋农村人饮"，到"互联网＋农村供水"，再到"互联网＋城乡供水"，彭阳县成功探索出一条通过科技创新，实现城乡供水产业高质量协调发展、城乡供水公共服务均等化、人民日益增长的用水需要不断满足的道路，成为全国"互联网＋城乡供水"的典范，受到水利部、国家发展改革委、农业农村部的表扬。彭阳模式的成功，除互联网＋科技赋能外，在投融资模式、建设模式和运行管理模式上，摸索出值得推广的经验。

8.1.1 B＋ABO 投融资模式

2016 年 10 月，宁夏中南部城乡饮水安全工程如期通水，从六盘山泾河引水 3980 万 m³，为固原市彭阳、西吉、原州、海原 4 县（区）的 44 个乡镇 603 个行政村的 113.5 万城乡居民提供饮用水水源，成为"大水源"。

在"大水源"的保障下，彭阳县为进一步提升农村人饮的质量和保障水平，引入"互联网＋"技术，开展破解城乡"最后一百米"瓶颈的探索实践。多方筹集资金，升级改造县域内原有的供水系统，朝着"互联网＋城乡供水"的方向，开展了工程改造、管理升级、运行创新的工作。在资金筹措上，基于授权—建设—运营的 ABO 融资模式，延伸创新出组建＋授权—建设—运营的 B＋ABO 投融资模式。

（1）彭阳县资金需求情况。彭阳县曾是一个贫困县，经济基础弱，财政底子薄，缺少银行融资与其他市场投融资手段，工程建设存在巨大资金缺口。

彭阳县资金缺口存在原因

（1）彭阳县地方政府财政薄弱，无力支撑城乡供水工程的建设。由于彭阳县为贫困县，地方政府财政薄弱，而且农民水价承受能力较低，水费收缴意识差，导致工程收益无法维持工程的运行，地方政府无力支撑工程建设，城乡供水工程建设只能依靠国家投资。

（2）彭阳县市场融资机制不完善，导致了工程建设资金短缺。该原因具体体现在两个方面：一方面彭阳县融资渠道结构不合理，城乡供水项目建设资金很少采用金融机构贷款、外资等；另一方面彭阳县融资平台资金链相对脆弱，城乡供水项目为准公益工程，建设周期长、投资收益率低、管理成本较高，导致社会融资难度大，尤其是信息化建设融资难度更大。

在《国务院关于创新重点领域投融资机制鼓励社会投资的指导意见》（国发〔2014〕60 号）等有关文件的指导下，彭阳县广泛调研了区内外投融资模

式，结合本县实际，初步选择了 ABO 融资模式。鉴于当时缺乏现成的国有企业及融资平台，彭阳县先成立了盛泽水务投资有限公司作为投融资平台，通过政府补贴资金、国家开发银行扶贫基金和贷款等方式筹措资金，统筹投入"互联网＋城乡供水"工程中，形成了彭阳特色的组建＋授权—建设—运营（B＋ABO）投融资模式，流程如图 8.1 所示。

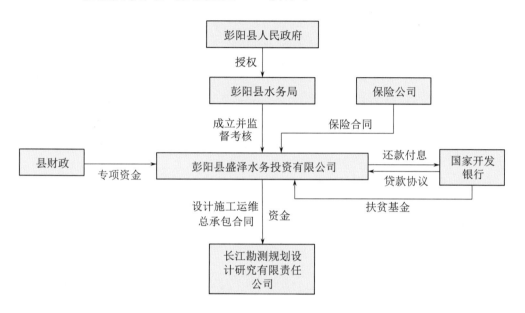

图 8.1　彭阳"互联网＋城乡供水"B＋ABO 投融资流程

（2）彭阳县 B＋ABO 融资模式。自 2016 年彭阳县成立盛泽水务投资有限公司（以下简称盛泽公司）开始，彭阳县水务局与盛泽公司签署项目合同，由盛泽公司具体负责项目的投融资、设计、建设、合同范围内规定的运营维护服务并在合作期结束后无偿移交项目全部设施。

合同规定，建设期内，盛泽公司负责项目建设资金缺口部分的筹措与投入，并按照基本建设程序及技术标准组织实施项目建设；运营期内，盛泽公司负责提供供水管道基础设施，远传计量系统、监测系统、管理平台等项目设施的维护管理和的日常巡检；合作期期满后，盛泽公司将项目设施无偿移交给政府方指定单位；盛泽公司按照双方签订的《项目合同》规定取得可用性服务费和运营绩效服务费。

（3）各部门职责。彭阳县 B＋ABO 投融资模式下各部门职责划分见表 8.1。

表 8.1 彭阳县 B＋ABO 投融资模式下各部门职责划分

部 门	主 要 职 责
彭阳县人民政府	融资项目的责任主体，授权水务局处理投融资项目的一切事宜
彭阳县水务局	1. 项目建设期对项目建设进行监督、考核评估，建设资金实行专账专户管理。 2. 项目运营期监督项目运营和维护，对盛泽公司进行绩效考核与评估。 3. 合作期期满时，无偿取得项目设施；行使监管权利；负责落实政府建设投资补助按时足额到位。 4. 项目竣工后，组织竣工验收；支持盛泽公司争取中央和自治区级扶持资金和优惠政策；为盛泽公司运营管理和拓展增值服务提供良好的政策支持和协调服务；宣传教育群众自觉保护工程设施，对人为破坏工程设施行为依法进行处理
彭阳盛泽水务投资有限公司	保证社会资本及时足额到位；完成 ABO 合同约定的全部建设内容，确保工程符合相应标准和规范要求；组织工程阶段性验收、建设单位验收，配合工程审计和竣工验收；拥有工程占有权和经营管理权并做好工程维护和经营管理；接受水务局及政府相关部门及社会监督；遵守有关公共卫生和安全的适用法律及合同的规定，履行公共安全和保护环境的责任
彭阳县财政局	项目前期承担各类审批职责，并在各自职权范围内履行监管职责
长江勘测规划设计研究有限公司	项目设计、采购、施工、运维的总承包商，按照合同的约定，履行相应的职责和义务

（4）投资回报方式。盛泽公司向政府方及广大农户提供稳定可靠的服务，按照《项目合同》约定获得上级建设资金补助、可用性服务费和运维绩效服务费，弥补公司维护管理成本并取得合理的回报。社会资本的回报方式主要为水费收缴和财政补贴。

彭阳县"互联网＋城乡供水"项目批复总投资 3.1 亿元，通过"一次规划，分期实施，分年付款，财政补贴"的方式，采取多种途径积极筹措项目建设资金。共争取到国家开发银行专项建设基金 0.57 亿元，整合涉农财政资金 2.1 亿元，使用地方债券 0.37 亿元，由彭阳县盛泽水务投资有限公司向金融机构贷款 0.1 亿元，确保了项目顺利实施。

2016 年，彭阳县水利局通过对脱贫攻坚资金等涉农财政资金的整合，基本满足了工程建设资金的需求，在彭阳城乡供水工程建设中并没有过多地使用社会融资资金。彭阳的融资模式和融资程序在当地开创了投融资先河，成为宁夏推荐的投融资模式，为其他县（区）城乡供水一体化工程建设开展投融资提供了参考。

据彭阳县 2019—2021 年项目运行年报,3 年来项目年均实收水费 587.09 万元,政府补贴 150 万元,年均支出 661.65 万元,年均盈余 75.44 万元。

8.1.2 EPC＋O 建设模式

彭阳县地处宁夏南部西海固地区,山大沟深,群众居住分散,供水工程点多线长面广,工程管理难度大。原有建设单位无实施同等规模城乡供水工程的经验,在进行设计、采购、施工、试运行等过程中,缺乏相应工程管理能力,难以对工程的质量、安全、工期、造价全面把控。

鉴于此,彭阳县将自身情况与常用的工程建设模式相对比匹配,最终确定了总承包＋运维(EPC＋O)的建设模式,比较过程见表 8.2。

表 8.2   彭阳县城乡供水工程建设适宜模式比较

彭阳县基本情况	PPP 模式	BOT 模式	EPC 模式	DB 模式	PMC 模式
资金已落实	否	否	是	是	是
建设单位风险低	否	否	是	是	是
建设单位项目管理能力不足	是	是	是	否	是
设计、采购、施工统一管理	是	是	是	否	否
运维能力不足	是	是	是	否	否

通过对比,彭阳县城乡供水工程项目资金已落实,为降低政府举债风险,排除 PPP 模式和 BOT 模式;为保证工程质量,项目需由专业队伍设计、采购、施工和运维统一管理,排除 DB 模式和 PMC 模式。EPC 无需融资,政府风险小,承包商专业队伍设计、采购和施工。在此基础上,为保障工程可持续良性运行,彭阳县在 EPC 基础上增加了运维,形成了 EPC＋O 模式。通过公开招标,长江勘测规划设计研究有限责任公司中标,统一设计、统一采购、统一规划、统一标准、统一建设,优化资源配置,缩短建设周期,控制工程造价,保证施工质量。工程建设完成后,经彭阳县政府批准,彭阳县盛泽水利投资有限公司和宁夏西部绿谷节水技术有限公司两方共同组建了彭阳县城乡供水管理有限公司,负责工程完工后的运维工作,实现工程的专业化管理,有效提高了工程建设与管理水平,彭阳县城乡供水工程建设组织架构如图 8.2 所示。

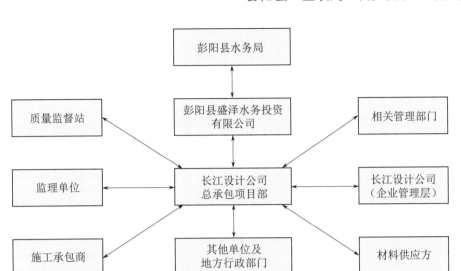

图 8.2 彭阳县城乡供水工程建设组织架构图

彭阳县"互联网＋城乡供水"探索过程

2014年，彭阳县水务局开展了农村供水工程小范围内政府购买服务的试点工程，投入20万元委托宁夏西部绿谷节水技术有限公司，对彭阳县城乡饮水工程自动化监控系统进行为期一年的第三方托管服务。此次试点，提高了工程运行水平和供水效率，节省了人力、物力和财力，取得了良好的效果。

2016年，彭阳县人民政府将县自来水公司划归水务局管理，同年水务局成立彭阳县盛泽水务投资有限公司，利用政策性贷款巩固提升全县农村饮水工程。

2017年10月，彭阳县水务局编制了彭阳县城乡供水管理实施方案及运行管护建议书，提出成立彭阳县城乡供水管理有限公司，并对运行管理机制、运行管理方案，应急管理、水价机制等作了详细说明。

2017年12月，彭阳县人民政府编制了彭阳县城乡安全供水特许经营项目实施方案，对运营模式、回报机制、可行性、特许经营协议框架草案及特许经营期限、特许经营者选择及运行管理机制、人民政府及运维公司的权利和义务、经营期满的资产处置以及监管体系、违约责任等方面，作了详细的规定。

2018 年 5 月，彭阳县水务局向县人民政府递交了成立彭阳县城乡供水管理有限公司的申请，申请政府授权水费征缴特许经营。经县人民政府批准后，由彭阳县盛泽水利投资有限公司、宁夏西部绿谷节水技术有限公司两方共同出资（盛泽 510 万元，西部绿谷 490 万元），成立彭阳县城乡供水管理有限公司，负责全县城乡供水工程运行管理。管理公司实行企业化管理，自负盈亏。同月，水务局正式成立彭阳县城乡供水管理有限公司。

8.1.3　I＋URE 运行管理模式

B＋ABO 的融资和 EPC＋O 的建设成功，让彭阳县有了更高的追求，从建设筹划的"互联网＋农村人饮"，发展到建设中的"互联网＋城乡供水"，提高了城乡供水保障能力。"互联网＋"技术的加持，使得农村供水具备了与城市一样水平的条件，彭阳县不失时机地以这项工程为契机推进城乡供水公共服务均等化改革，实施"互联网＋城乡供水"，实现了彭阳县 22.18 万农村居民与县城居民一样喝上了"同源、同网、同质、同价、同服务"的自来水，形成了基于互联网的城乡供水均等化（Internet＋Urban and Rural Equalization，I＋URE）服务模式。

1. 工程运行管理

"互联网＋城乡供水"工程实施前，彭阳县域内农村供水价格差异较大，最低为 2.00 元/m³，最高为 6.50 元/m³。全县供水水价的不一致、供水保障的不均等，群众意见纷纷，仅有 40％用水户按核定水价及用水量全额上交水费。水费收缴不足直接导致运维经费不足，引发运维保障差，进一步引起群众不满意、不缴费的恶性循环。

2016 年，彭阳县详细测算了"互联网＋城乡供水"的成本水价、用水户承受能力，经水价听证、政府常务会议等程序，决定采用区、县财政补贴（暂定 3 年）、运营商降本增效、用水户积极配合的方式，将全县的城乡居民供水统一定价、统一运行、统一管理、统一维护，实现了城乡供水均等化管理。调整后终端水价为 2.6 元/m³，城市较调整前略有提高，农村显著降低。

彭阳城乡供水一体化管理模式实施近 5 年内（2017—2021 年），全县供水工程报修率下降 40.5%，管网漏损率从 40.2% 下降到 10.4%，水费收缴率从 38% 提高到 99%，运维人力从 92 人降至 43 人，运维成本节约了 14%，农村供水水价降低了 42%，政府补贴减少了 50 万元。彭阳全县人民用上了安全水、幸福水。

2. 管理体制改革

彭阳县"互联网＋城乡供水"的成功探索，在管理体制改革方面的也取得了值得关注的经验：

（1）建立科学有效的用人制度。引导选拔一批具备水务业务知识，掌握供水专业知识的年轻人投入工程建后管护工作。同时，要重视对现有管护人员的技能培训，不断提高其业务素质、技术水平和服务能力。

（2）提高运维效率，提高水费收缴率。水务局需转变职能，建立市场化的运维机制，组建第三方运维公司，引入社会化服务，让水务局从全能者转变为监管者。

（3）健全城乡安全饮水责任规章制度。明晰农业供水工程产权，落实工程运行管理主体，管理责任和运行管护经费等工作的职责要求。

上述改革思路要得以实践，必须有强有力的组织保障和明晰的组织架构。县人民政府成立了彭阳县城乡饮水安全巩固提升工程建设与运行管理领导小组，由政府常务副县长任组长，县人民政府办公室主任、县水务局局长任副组长，办公室设在县水务局，水务局局长兼任办公室主任，负责协调和监管工程建设和运行中各项事务，彭阳模式城乡供水工程运行管理组织机构如图8.3 所示。

3. 运行管理办法制定

彭阳县根据《宁夏回族自治区城乡饮水安全工程管理办法》等法律法规，结合本地实际情况，制定了《彭阳县城乡供水管理办法》，对管理范围与职责划分、供水设施建设与管理、城乡供水经营与管理、法律与责任等做出明确的规定。城乡供水管理有限公司依据《彭阳县城乡供水管理办法》，编制了16 项规章制度，涵盖了从水源保护、工程管护、管网安全、网络安全、清洗消毒、水质保障和计量收费等方面，从制度层面保障"互联网＋城乡供水"工程的可持续运行。

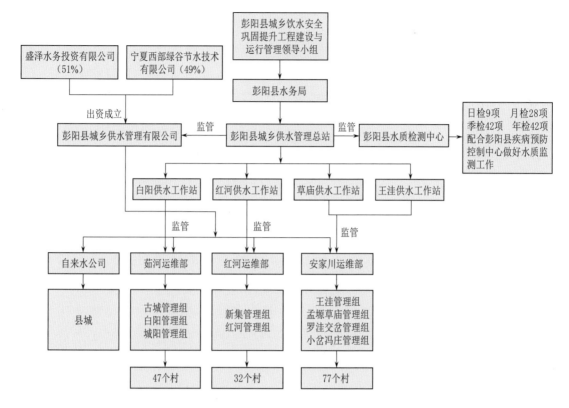

图 8.3　彭阳模式城乡供水工程运行管理组织机构图

4．工程运行管理制度建设

（1）巡查与维护。彭阳县城乡供水管理有限公司编制了日常管理方案，对管护范围内的水源保护区、水质、泵房及设备、输配水管线、蓄水池、自动化监控设备等进行3日1次的巡检和1月1次的检测，一旦发现问题，及时进行维修和解决。借用自动化监控系统和信息化管理系统，针对各类异常情况实时报警，管理人员及时干预，分析判断故障类型，并于2小时内响应并及时处理。各子系统接收物联网云平台相应数据，根据各自功能分析处理后统一展示。运行维护过程有全面的记录、监督。

（2）水费收缴。项目系统目前支持IC卡水费预交、支付宝、微信和移动服务商代缴等多种缴费方式，方便用水户水费缴纳。系统同时提供信息公布的网络平台和短信推送服务，方便业务人员完成信息发布和欠费催收等工作，水费收缴率已经由原来的38％提高到99％。

（3）水质管理。彭阳县城乡供水管理有限公司制定了《彭阳县城乡供水管理有限公司水质卫生管理实施细则》，按《村镇供水工程技术规范》和《生活饮用水卫生标准》要求，配备水质净化消毒设施设备、检测仪器和专职人员，对水源水、出厂水和末梢水进行水质检验。水质检测频率为每周 1 次，并向县卫健委和水务局报送结果。每年委托县水质检测中心按照标准进行水质常规指标检测，保证供水质量达标。

（4）水源保护。城乡供水管理公司每月在水源保护区范围内巡查 2 次，及时妥善处理水源保护区内有可能污染该水域水质的活动以及单位（个人）在水源保护区内进行建设活动等影响水源安全的行为。

彭阳县其他有关城乡供水管理的办法及细则，可在本书附录中查找参阅。

5. 水价制定

合理的水价是建立城乡供水工程良性运行机制的要求，物价局和水务局要在当地政府的支持下，合法合规完成水价定价工作。实践中，彭阳县水价定价按以下程序（图 8.4）进行：

（1）城乡供水管理公司准备，通过现状调研，收集水价制定需要的资料，完成水价制定申请报告。

（2）城乡供水管理公司向水务局提交水价制定申请报告及相关支撑资料。

（3）水务局审核水价制定申请报告，复核相关数据的真实性和合理性，在规定期限内向同级发展改革委提出关于水价制定申请报告的审核意见。

（4）发展改革委收到水务局的审核意见后，在规定的时间内对供水情况、供水成本和水价承受能力进行调查，分析可行性，召开听证会。在充分听取各

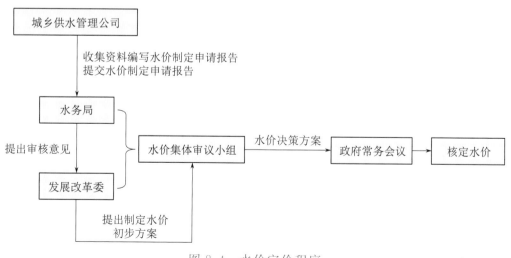

图 8.4 水价定价程序

个方面意见基础上，提出制定水价的初步方案，并会同水务局集体审议。由发展改革委牵头、水务局等各部门参加，集体审议水价制定报告，并做出决策。

（5）发展改革委将水价集体审议决策的方案提交县政府常务会议研究审定，政府常务会议按照"补偿成本、合理收益、公平负担、优质优价"等原则，在充分考虑供水成本和用水户承受能力基础上，合理确定水价。

6. 水价测算

水价通常由固定资产折旧与运维费组成。

（1）固定资产折旧费。根据项目概算，彭阳县"互联网＋城乡供水"工程静态投资 33138.31 万元，剔除其中属于国民经济内部转移资金以及对以往工程改造部分投资，新增固定资产投资为 18742.58 万元。纳入本项目实施前的固定资产投资 30065.51 万元，本项目固定资产投资合计为 48808.09 万元。根据《水利建设项目经济评价规范》（SL 72—2013）等规定，机电设备等折旧年限为 15 年；混凝土及浆砌石折旧年限 40 年，土体折旧年限 40 年。平均后综合折旧率取为 3%。

（2）运维费。工程的运维费包括修理费、动力费、职工薪酬以及其他费用等，分项估算见表 8.3。

表 8.3 彭阳县"互联网＋城乡供水"工程年运维费分类及其估算方式

年运维费	估 算 方 式
修理费	包括日常维修费和大修理费。按水利部《水利工程供水价格核算规范（试行）》（水财经〔2007〕470 号）要求合理确定
动力费	"互联网＋城乡供水"的动力费主要为电费。年新增用电量 8.83 万 kW·h，参照《宁夏物价局关于我区 2011 年电价调整及有关问题的通知》
职工薪酬	根据运行管理机构人员配置数量和人均工资、福利指标估算。本工程利用信息化管理手段，可减少相应的管理维护人员和抄表收费人员
药剂费及检测费	根据实际调研，日常水消毒处理及监测费用为 0.05 元/m³
其他费用	包括工程观测费、临时设施费、利润及税金，按前述各项费用之和的 10% 计提
原水费	按彭阳县从宁夏中南部饮水工程取用的供水量以单价 0.7 元/m³ 计列

7. 用水户承受能力分析

据调查，2013 年彭阳农民用水户人均可支配收入为 5542 元，人均年用

水量 $12.35m^3$，可承受水价平均为 5.5 元$/m^3$。"十三五"时期末，彭阳城乡居民人均可支配收入为 15195 元，按水费支出占人均收入的 1.5% 计算，预计到 2025 年城乡居民生活用水可承受水价为 7.83 元$/m^3$。

用水户水价承受能力需综合考虑经济状况与心理承受能力。据研究，当水费支出系数为 1% 时，对用水户的心理影响不大；当系数提高到 2% 时，用水户的心理有明显影响。彭阳按 1.5% 的水费支出系数定价。

经综合研判，彭阳县水价确定为居民用水 2.6 元$/m^3$，非居民用水 5.95 元$/m^3$，特种行业用水 10 元$/m^3$，总体是合理可行的。

8.1.4 工程财务分析

自彭阳县实施"互联网+城乡供水"项目以来，供水经济效益得到了明显改善，彭阳县供水用水量、运营管理以及盈亏平衡见表 8.4~表 8.6。

表 8.4　彭阳县"互联网+城乡供水"项目实施前后农村用水量统计表

时期	年份	农村常住人口/万人	供水工程入户人口/万人	入户率/%	供水量/万 m^3	售水量/万 m^3	实际人均日用水量/(L/d)
实施前	2012	18.8	13.87	73.8	210.9	126.12	24.91
	2013	18.4	14.25	77.4	216.7	142.81	27.46
	2014	18.2	14.66	80.5	223.0	156.99	29.34
	2015	17.8	15.02	84.4	241.7	173.06	31.57
	2016	17.56	15.86	90.3	234.2	170.26	29.41
建设期	2017	17.32	16.06	92.7	236.3	176.99	30.19
	2018	17.15	16.41	95.7	206.3	157.61	26.31
实施后	2019	16.92	16.5	97.5	223.3	199.63	33.15
	2020	16.6	16.6	100	248.1	222.05	36.65
	2021	16.6	16.6	100	272.2	243.89	40.25

为满足人民群众对美好生活的向往，彭阳县不断努力，自来水普及率逐年递增，截至 2020 年，已全部完成自来水入户，人均用水量从 2012 年起以平均 8% 的增幅增长，从 2019 年起，随着"互联网+城乡供水"项目改造完工，更是以超过 15% 的增幅快速增长，如图 8.5、图 8.6 所示。

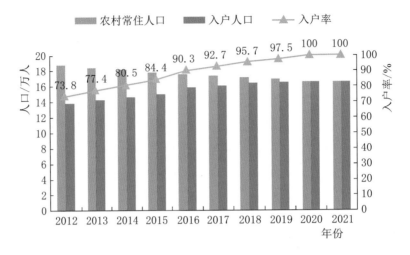

图 8.5　彭阳县自来水普及率

图 8.6　彭阳县供水实际人均日用水量

彭阳县早期农村供水工程管网老化,跑冒滴漏严重,2012 年管网漏损率高达 40.2%。县里虽为此投入了大量人力物力修补,但 2018 年年底,管网漏损率依然超过 23%。借助"互联网＋城乡供水"东风,彭阳县加快补齐短板,对全县主干管网及部分老化支网进行更新改造,2019 年管网漏损率降低至 10.6%,漏损量从实施前的 71.5 万 m³/年减少到 26.0 万 m³/年,年节水56.5 万 m³。

凭借"互联网＋"技术优势,彭阳县农村供水管理进入新阶段,信息化自动化水平跨越提升,运管人员从项目实施前的 90 余人减少至 43 人,故障报修次数从年均 486 次降低至 289 次，故障平均处理时间从 36 小时降低至 4 小时，有效提高了供水保证率，提高了用水户的满意度与信任感，日常检修情况如图 8.7 所示。

图 8.7　彭阳县"互联网＋城乡供水"

项目日常检修情况

彭阳县"互联网＋城乡供水"项目的实施在人均用水量由 24.91L/d 增长到 40.25L/d 的同时，通过供给侧改革，及时满足需求侧的增长需要，结合工程和"互联网＋"建管并重的方式，有效减少管网漏损率近 67.08％，实现实收水费增长 124.65％。通过自动化监控体系和信息化管理系统的建设，管理模式由人工管理转变为"少人值班、无人值守、自动运行"，管理人员从 92 人减少到 43 人，节省 51.1％的人力，在人均薪资上涨 55.6％的同时达到总薪资节省 24.64％的效果，见表 8.7。

项目实施后通过 EPC＋O 模式，让专业人做专业事，群众满意度和服务质量大幅提升，节省日常修理费 14.88％、电费 20.3％、其他费用 22.03％，工程报修次数减少 40.5％，平均检修时间由过去的平均 34 小时缩短到 4 小时，实现问题及时解决。因药剂投加规范化，水质检测频次提高的原因，药品及检测费上浮 51.8％。合计节省成本约 14.1％。项目整体经济效益从过去年均亏损 508.91 万元，缩减至 74.57 万元，经济效益增幅 85.35％；计入政府补贴后，实现年均盈利 75.43 万元，经济效益增幅 117.6％，实现了提质、降本、增效三协调。

表 8.5 彭阳县"互联网＋城乡供水"项目实施前后供水运管理情况表

项目阶段	年份	取水量/万m³	供水量/万m³	售水量/万m³	管网漏损率/%	原水价格/(元/m³)	供水价格/(元/m³)	水费收缴率/%	报修次数/次	平均检修时间/小时	管理人员数量/人	平均人员薪酬/万元
实施前	2012	221.40	210.90	126.12	40.2	—	4.0	36.00	467	36	92	2.50
	2013	225.80	216.70	142.81	34.1	—	4.0	38.50	458	36	92	2.50
	2014	232.07	223.00	156.99	29.6	—	4.0	40.20	463	36	90	2.50
	2015	251.75	241.70	173.06	28.4	—	4.0	45.00	565	36	90	2.50
	2016	243.65	234.20	170.26	27.3	—	4.0	50.10	476	24	90	2.50
建设期	2017	255.36	236.30	176.99	25.1	0.70	4.0	68.25	462	24	90	2.50
	2018	214.58	206.30	157.61	23.6	0.70	2.6	73.62	485	4	46	3.50
实施后	2019	231.87	223.30	199.63	10.6	0.70	2.6	99.00	287	4	46	3.91
	2020	257.39	248.10	222.05	10.5	0.70	2.6	99.00	296	4	43	3.88
	2021	282.68	272.20	243.89	10.4	0.70	2.6	99.00	284	4	43	3.88

注 2017年宁夏中南部城乡饮水安全工程建成后，彭阳县供水水源从六盘山水务公司购入，价格0.7元/m³；在此之前，农村饮水主要以当地地下水为主，无原水费。

表 8.6 彭阳县"互联网＋城乡供水"项目实施前后供水工程盈亏分析表

项目阶段	年份	收入/万元 实收水费	支出/万元 原水费	大修费	日常修理费	人员薪酬	电费	药品及检测费	折旧摊销	其他费用	小计 计折旧	小计 不计折旧	成本/(元/m³) 运行成本	成本/(元/m³) 供水成本	盈亏(不计补贴)/万元 计折旧	盈亏(不计补贴)/万元 不计折旧	财政补贴/万元	补贴后盈亏(不计折旧)/万元
实施前	2012	181.61	—	155.50	292.60	230.00	47.37	6.56	540.65	20.05	1292.7	752.08	2.83	6.13	-1111.12	-570.47	—	-570.47
	2013	219.92	—	148.64	298.55	230.00	53.64	7.43	596.92	22.70	1357.9	760.96	2.83	6.27	-1137.96	-541.04	—	-541.04
	2014	252.44	—	139.58	284.16	225.00	58.97	8.16	1216.6	24.95	1957.4	740.82	2.70	8.78	-1704.96	-488.38	—	-488.38
	2015	311.50	—	226.29	275.00	225.00	65.20	9.12	1541.3	27.50	2369.4	828.11	2.49	9.80	-2057.88	-516.61	200	-316.61
	2016	341.21	—	187.43	263.00	225.00	59.80	9.62	1629.7	24.42	2399.0	769.27	2.48	10.24	-2057.79	-428.06	200	-228.06
建设期	2017	483.18	165.41	100.65	234.79	225.00	60.40	11.30	2035.1	20.40	2853.0	817.95	3.04	12.07	-2369.82	-334.77	200	-134.77
	2018	464.14	144.41	—	267.05	161.00	46.75	11.63	2710.6	19.98	3361.4	650.82	3.15	16.29	-2897.25	-186.68	200	13.32
完工后	2019	515.26	156.31	—	213.80	179.71	43.58	11.84	2980.8	16.00	3602.0	621.24	2.78	16.13	-3086.76	-105.98	150	44.02
	2020	572.00	173.67	—	246.40	166.74	44.21	12.23	2980.8	19.08	3643.1	662.33	2.67	14.68	-3071.11	-90.33	150	59.67
	2021	674.00	190.54	—	261.56	166.74	44.21	13.18	2980.8	20.87	3682.2	701.39	2.58	13.53	-3008.17	-27.39	150	122.61

注 彭阳县"互联网＋城乡供水"项目主体工程建成后由于设施设备较新，未涉及大修理。

彭阳县"互联网＋城乡供水"项目实施前后农村部分的效益对比

1. 项目实施前

2012—2016 年，彭阳县农村常住人口约 18.2 万人。项目实施前年均取水量 234.93 万 m^3，排除水厂反冲洗、自用水等消耗后，年均供水量 225.3 万 m^3，平均管网漏损率 32%，年均售水量 153.85 万 m^3，平均供水价格 4 元/m^3。因缺乏计量以及居民用水缴费意识不足等因素，水费收缴率较低，平均为 42%，年均实收水费 261.34 万元，累计收缴水费 1306.68 万元。项目实施多以地下水为主水源，未收取原水费。

因早期建设的供水工程设施设备和管网老化问题，年均大修理费 171.49 万元，日常修理费年均 282.66 万元，平均报修次数 486 次；因缺乏信息化手段和专业抢修队伍，平均检修时长约 34 小时。早期农村供水管理人员队伍冗杂，专业技术力量薄弱，服务质量偏低，职工约 90 人，人均薪酬 2.5 万元，年均人员薪酬 227 万元；年均电费 57 万元。年均药品及检测费 8.18 万元。折旧及摊销年均 1105.03 万元。其他费用年均 23.92 万元。不计折旧摊销，年均支出 770.25 万元，年均亏损 508.91 万元；计折旧摊销，年均亏损 1613.94 万元。

2. 项目实施后

2019—2021 年，彭阳县农村常住人口约 16.7 万人。年均取水量 257.31 万 m^3，年均供水量 247.87 万 m^3，平均管网漏损率 10.5%，年均售水量 221.86 万 m^3，供水价格居民为 2.6 元/m^3，非居民 5.95 元/m^3，特种行业 10 元/m^3。水费收缴率 99%，年均实收水费 587.09 万元，累计 1761.26 万元。从 2017 年，彭阳县农村供水被宁夏中南部城乡饮水安全工程水源覆盖，从六盘山水务公司以 0.7 元/m^3 的价格购入原水，政府补贴原水费 1.75 元/m^3 给六盘山水务公司，实际原水费为 2.45 元/m^3。

项目建成后短期内暂无大修理费，年均日常修理费 240.59 万元。管理人员从 92 人减少到 43 人，平均人员薪资从 2.5 万元提高至 3.88 万元，年均人员薪酬降低至 171.06 万元。在精简人员的同时，提高了团队技术力量与服务水平，借助信息化手段，第一时间发现问题并及时解决，将年均报修次数降低至 289 次，平均检修时间缩短至 4 小时。通过错峰用电，年均电费降低至 45.43 万元；因增加水质检测频次，年均药品及检测费增加至 12.42 万元；折旧及摊销年均 2980.78 万元；其他费用年均 18.65 万元。不计折旧摊销，年均支出降低至 661.65 万元，年均亏损大幅缩减至 74.57 万元，并在逐年递减。

为保证工程长效运行，政府自 2015 年起，每年补贴水价及日常维护费用 200 万元，至 2019 年减少至每年 150 万元。政府补贴后，项目自 2018 年开始盈利，并以 35%～230% 的增幅逐年增长，可见未来该项目将逐步独立运营，政府补贴可有序撤出。

表 8.7　彭阳县"互联网＋城乡供水"项目建设前后经济效益对比表

	指　　标	项目实施前	项目实施后	差额	增降幅度/%
基本情况	年均取水量/万 m³	243.93	257.31	13.38	5.48↑
	年均供水量/万 m³	225.30	247.87	22.57	10.0↑
	年均售水量/万 m³	153.85	221.86	68.01	44.2↑
	管网漏失率/%	31.9	10.5	−21.4	−67.1↓
	水费收缴率/%	42.0	99.0	57.0	135.7↑
	报修次数/次	486	289	−197	−40.5↓
	平均检修时间/小时	34	4	−30	−88.2↓
	平均管理人员数量/人	90	44	−46	−51.1↓
	人均薪酬/万元	2.50	3.89	1.39	55.6↑
年均收入	实收水费/万元	261.34	587.09	325.75	124.7↑
年均支出/万元	原水费	—	173.50	173.50	—
	大修费	171.49	—	−171.49	—
	日常修理费	282.66	240.59	−42.07	−14.9↓
	人员薪资总额	227.00	171.06	−55.94	−24.6↓
	电费	57.00	45.43	−11.57	−20.3↓
	药品及检测费	8.18	12.42	4.24	51.8↑
	其他费用	23.92	18.65	−5.27	−22.0↓
	合计（不计折旧摊销）	770.25	661.65	−108.6	−14.1↓
年均盈亏（不计政府补贴）/万元		−508.91	−74.57	434.34	−85.4↓
年均盈亏（计入政府补贴）/万元		−428.91	75.43	504.34	−117.6↓

8.2 ▶ 固原市"互联网＋城乡供水"迭代与升级

自 2016 年彭阳县"互联网＋城乡供水"项目实施以来，通过实践探索，在推行"互联网＋城乡供水""投、建、管、服"一体化模式以及城乡供水"同源、同网、同质、同价、同服务"等方面已经取得了显著成效，引起了水利部和宁夏水利厅的高度关注。2017 年开始在宁夏全区进行推广，2019 年，水利部在彭阳县组织召开全国农村饮水安全工作推进会，在全国范围内推广彭阳县"互联网＋城乡供水"典型经验做法。

2020 年 8 月，宁夏水利厅在固原市四县一区开展智慧水利先行先试，为进一步提升全市城乡供水安全保障能力和现代化管理服务水平，构建"投、建、管、服"一体化新体制机制，补齐城乡供水基础设施短板，促进城乡供水现代化、服务均等化。固原市各县（区）水务局开始实施"互联网＋城乡供水"项目，参考彭阳县"互联网＋城乡供水"典型做法，创新投融资与建设管理模式，西吉县、海原县、隆德县和原州区先后在实践中通过深化改革向社会投资敞开大门，营造良好投资环境和合理的投资收益机制，鼓励和引导社会资本参与工程建设和运营，为"互联网＋城乡供水"在宁夏全区的推广积累了宝贵依据，为全国智慧水利先行先试提供了典型案例。

固原市四县一区在推进"互联网＋城乡供水"项目建设过程中，结合本市的实际情况，在项目运作、投融资、建设管理上采用了不同的模式，各具优势、各有千秋，固原市各县（区）"互联网＋城乡供水项目"各环节采用模式见表 8.8。

表 8.8　固原市各县（区）"互联网＋城乡供水项目"各环节采用模式

县（区）	投融资模式	建设模式	运作模式	运行管理模式	推进模式
彭阳县	B＋ABO	EPC＋O	O&M＋BOT	I＋URE	ICMS
原州区	ABO	EPC	O&M＋BOT	I＋URE	ICMS
西吉县	ABO	EPC	O&M＋BOT	I＋URE	ICMS
海原县	ABO	EPC	O&M＋BOT	I＋URE	ICMS
隆德县	ABO	EPC	O&M＋BOT	县级专业运维公司	ICMS

注　B＋ABO 模式指专项债＋授权—建设—运营；O&M＋BOT 模式指委托运营＋建设—运营—移交；EPC 模式指设计、采购、施工总承包；EPC＋O 指设计、采购、施工、运维总承包；I＋URE 指基于互联网的城乡供水均等化服务模式；ICMS 指投建管服一体化模式。

8.2.1 原州区 O&M＋BOT 运作模式

固原市原州区通过深入市场分析、研究建设条件、比选项目运营模式，决定采用"委托运营（O&M）＋建设—经营—转让（BOT）"的运作模式实施"互联网＋城乡供水"项目，作为全区建设"互联网＋城乡供水"先行先试区及实现"投、建、管、服"一体化的有益探索。

1. 项目情况

原州区"互联网＋城乡供水"先行先试项目批复总投资 1.36 亿元，涉及原州区 11 个乡镇 153 个行政村，覆盖 68441 户 249103 名农村人口，包括存量项目与新建项目两部分，其中：存量项目部分是原州区已经建成投入运营的供水工程，主要改革运行管理模式；新建项目部分按"互联网＋城乡供水"的新设计，从工程网、信息网、服务网三个方面建设。

工程网建测控阀井总计 753 座，新建及维修改造联户水表井 10395 座，改造清理 2799 座，拆除及新建企事业单位用户水表井 120 座，信息网提升改造 3 个水厂的现有自动化监控系统，配套及提升改造 8 座管网加压泵站的自动化监控系统，新建及提升改造 262 座蓄水池的自动化监控系统，配套输配水管网监控点 251 处，安装智能物联网居民入户水表 55960 套；服务网以工程网和信息网为基础，建立网上营业厅、县级城乡饮水安全调度中心、水质在线监测平台、应急预案等。

2. 运作模式

原州区"互联网＋城乡供水"项目采用"委托运营（O&M）＋建设—经营—转让（BOT）"的运作模式。

原州区"互联网＋城乡供水"运作模式的选择过程

原州区"互联网＋城乡供水"项目包括存量部分和新建部分，模式选择不同。

存量部分项目可采用的方式有：改建—运营—移交（ROT）和委托运营（O&M）两种。考虑到本项目存量部分 35% 的项目使用年限 15年，则在合作期内不可避免地要进行设备重置和更新改造，进而需确定该部分资金的来源。若由项目公司负责该部分资金的筹措，则项目应采用 ROT 模式；若由政府负责该部分资金的筹措，则项目应采用 O&M。考虑到存量资产规模远比新建项目资产规模大，其更新改造费用较高，若由项目公司承担该费用，则 ROT 模式的供水服务费价格将远远高于 O&M 模式，同时财政补贴额度也较高。因此，倾向选择 O&M 模式。

新建部分可采用的方式有：BOT（建设—经营—转让）与 BOO（建设—拥有—经营）两种，二者区别在于是否拥有项目的资产权，BOT 模式不拥有项目的产权，资产权属于政府，运营期届满需要移交；BOO 模式的资产权属于项目公司，运营期届满不需要移交。

原州区"互联网＋城乡供水"项目新建部分合作范围涵盖项目全生命周期的投融资、建设、运营维护和移交等内容，且与公众基本生活保障密切相关。为保证公共性和公益性实现，避免政府投入形成的资产与社会资本投入形成的资产界限不清造成纠纷，需明确项目资产权属应归于政府，合作期满后项目公司无偿移交项目资产给政府方或其指定机构。因此，新建部分更倾向于由项目公司负责投融资、建设、运营维护和移交，相应的运作方式为 BOT。

综上考虑，原州区"互联网＋城乡供水"项目采用"委托运营（O&M）＋建设—经营—转让（BOT）"的运营模式。

3. 项目实施机构

原州区人民政府授权原州区水务局作为项目实施机构，经区政府批准，水务局公开招标确定宁夏六盘山水务有限公司（以下简称项目公司）作为特许经营主体，公开招标确定中水北方勘测设计研究有限责任公司作为工程总承包单位，共同完成原州区"互联网＋城乡供水"项目的投资、建设、运营及服务工作。原州区特许经营项目关系结构如图 8.8 所示。

项目公司中标后与区水务局正式签订《特许经营协议》，根据协议通过向农村用户收取供水收入弥补投入并收取合理的回报，不足部分由区财政局给予可行性缺口补助。区水务局对其进行考核，区财政局或区水务局依据考核结果向项目公司支付可行性缺口补助。特许经营期内区水务局对项目公司进

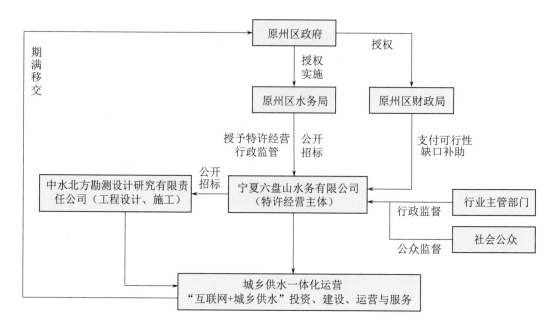

图 8.8 原州区特许经营项目关系结构图

行监督和管理。运营期结束后，项目公司应将项目设施无偿、完好、无债务、不设定担保地移交给区水务局或其指定机构。

4. 项目合作期限

根据《基础设施和公用事业特许经营管理办法》，原州区从政府所需的公共产品和服务供给时间、项目资产的经济生命周期和重要整修时点、项目资产的技术生命周期、项目投资回收期和财政补贴支付的承受能力等方面综合考虑，最终确定项目合作期限为 20 年。

5. 项目投融资结构及股权结构

原州区"互联网＋城乡供水"项目采用"政府投资补助＋社会资本资本金＋项目公司贷款"的方式解决，结合项目实际情况，根据可行性研究报告的资金筹措推荐方案，采用"项目资本金 20％＋政府投资补助 20％＋企业贷款 60％"的投融资结构，具体资金比例见表 8.9。

原州区"互联网＋城乡供水"项目中由社会资本方独资成立项目公司，注册资本 2390.07 万元，在项目公司中持股 100％。项目社会资本以其股权投资参与项目公司利润分配。项目公司的税后利润在按照规定提取 10％的法定盈余公积后，由社会资本方分取。政府方股东不参与项目利润分红。

表 8.9　　　　　　　　　项 目 投 融 资 结 构 表　　　　　　单位：万元

项目总投资	各方出资比例及金额			
11950.37	项目资本金（20%）	2388.42	项目公司出资（20%）	2388.421
	投资补助（20%）	2388.42	政府出资（20%）	2388.42
	项目融资（60%）	7165.25	融资机构（60%）	7165.25
合计	100%	11942.09	100%	11942.09

6. 投资回报

原州区"互联网＋城乡供水"项目属于准经营性项目，社会资本的合理收益可以通过向原州区城乡用户收取水费获得，但该项目由于水价与供水综合成本有较大差距，不足以满足社会资本的收益要求，需要原州区政府给予项目正常经营一定的补贴，才能保证整个项目的收益达到比较合理的水平。因此该项目的回报机制为"使用者付费＋可行性缺口补助"。

7. 财务测算结果

根据 2020 年 1 月 1 日起执行的《关于固原市供水价格改革的公告》，原州区确定现行水价为 2.30 元/m³，结合实际调研情况，扬黄片区执行水价 4.5 元/m³，连通片区执行水价 2.3 元/m³、东部片区执行水价 3.0 元/m³，经加权计算后确定现行水价为 3.11 元/m³，测算后确定供水服务费单价为 6.27 元/m³，居民可承受水价为 4.87 元/m³。

原州区根据实际情况设定了三种不同的调价方案，不同方案下的可行性缺口补贴如下：

（1）方案一：运营期 20 年维持现行水价不变。政府年均补贴额最高，约为 1868.20 万元，20 年补贴 35495.84 万元。

（2）方案二：在目前原州区现行水价水平此基础上，每 5 年调整 20%，此方案执行后，政府年均补贴额约为 1230.54 万元，20 年补贴 23380.17 万元。

（3）方案三：经测算，原州区农村居民可承受水价为 4.87 元/m³，在运营期初将现行水价调整到可承受水价水平，政府年均补贴额最低，约为 926.07 万元，20 年补贴 17595.36 万元。

经过综合分析比较，原州区采用水价分阶段逐步调整的方式实现实际水价调整（方案三），政府财政补贴压力较小，居民群众承受能力适中。

原州区"互联网＋城乡供水"效益分析

1. 经济效益

原州区"互联网＋城乡供水"项目的实施能够促进原州区社会经济的持续发展，带动相关供水产业的发展，扩大内需，拉动经济，增加就业机会，减少政府财政压力，促进社会的进一步稳定。

（1）资源共享，避免重复建设。县级供水调度监控系统和县级智能计量系统的建设，将充分利用水利基础设施，最大限度的整合已有信息系统和公共信息，同时通过平台建设对农村水利业务进行统一规划，采用全国统一的农村水利信息化标准体系，在技术上保证数据和应用的集成，实现资源共享，避免重复投资。

（2）充分提高自来水利用效率及生产率，为全县经济建设服务。通过信息化平台系统建设，以信息化手段提高农村水利管理水平，提高广大用水户的节水意识，降低自来水供水管网的漏失率，降低能耗，提高供水保证率，使有限的水资源为全县经济的发展提供更高效的服务。

（3）提高工作效率，降低项目管理成本，为资源节约型社会建设服务。本工程投入使用后，水费收缴率可提高60％左右，有效供水率可提高到95％左右，设备损坏率可大幅度降低。减少人为管理不到位出现的问题。而且，根据水价影响测算，自动化及信息化建成后可减少抄表业务人工费，节省运行成本。因此，本系统从各个方面杜绝了水费收取难的问题，管网没有了跑冒滴漏、没有了水费计量纠纷、没有了恶意欠费现象，提高了用水户节水意识，减少运行管理人员数量。

2. 社会效益

（1）提高水务部门的工作效率和管理水平。从宏观角度看，原州区供水管理单位主要是承担日常供水、维护、水费收缴工作，在以前相当长的时间内由于缺乏统一的统计方法和途径，相互关联、嵌套的数据很难分清，容易出现重复或遗漏，而且信息更新较慢。随着信息化系统的建设必将改善这种局面，通过分析、统计、比较各类基础数据，真正成为辅助决策的依据。

（2）提高政务公开和公众参与水平。通过本项目的建设，从整体上把握原州区供水工程的运行状态，从中了解工程从水源到末端的供水信息，并通过客服系统与用水户建立密切的联系，提供及时服务。有助于增加工作透明度，增强公众监督，促进廉政建设，对提高全县水利工作整体管理水平具有极大的促进作用。

（3）方便群众，提高供水水质，应急处理水质突发事件。用户可通过远程支付的手段完成水费支付，不再需要水卡，改变了传统的缴费模式，这种收费方式更加方便快捷，更适合辽阔的农村，供需双方都不必再增加路途奔波。

8.2.2 西吉县 ABO 投融资模式

西吉县"互联网＋城乡供水"项目采取特许经营下的 ABO 融资模式，特许经营承接主体为宁夏六盘山水务有限公司，工程总承包单位为长江勘测规划设计研究有限责任公司。该项目"两评一案"总投资 20480.41 万元，主要建设内容包括：新建、维修水务工作站 8 处，新建测控阀井 1120 座，新建及维修改造联户水表井 1.61 万座；新建及改造提升 54 座泵站、294 座蓄水池自动化监控系统；布设输配水管网监控点 426 处，安装水质在线监测设备 6 套；升级改造总调度中心 1 处，分调中心 1 处；农村安装智能水表 7.44 万套，县城更换智能水表 2.97 万套。工程于 2021 年 10 月开工，2022 年 6 月建成并投入试运行。

（1）项目结构。项目由西吉县人民政府授权县水务局作为实施机构，负责组织实施。县水务局依据公平、公正、公开的原则，以竞争性磋商的方式选择社会资本。选定的社会资本独资成立项目公司，注册资本 2048.04 万元，由社会资本方 100％控股。中标社会资本在约定规定期限内成立项目公司，由县水务局与项目公司正式签订《特许经营协议》，县水务局授予项目公司特许经营权。西吉县"互联网＋城乡供水"特许经营项目结构如图 8.9 所示。

（2）项目合作期限。项目合作期为 30 年，含建设期 1 年，实际运营期限为 29 年。项目 2021 年 1 月开工建设，2022 年 1 月投入运营，2050 年 12 月届满。

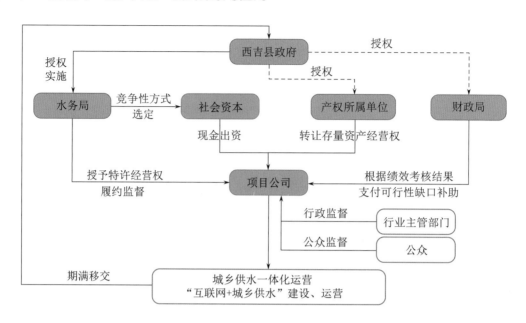

图 8.9 西吉县"互联网＋城乡供水"特许经营项目结构图

（3）项目资本金比例。西吉县"互联网＋城乡供水"项目资本金中社会资本出资比例定为 10%，估算静态总投资 20480.41 万元，可行性研究报告批复采用特许经营下的 ABO 投融资模式，项目资本金为 6144.13 万元，占项目总投资的 30%，其中：20%的资本金（4096.08 万元）由县政府以补贴形式提供，10%的资本金（2048.04 万元）由中标项目公司提供，余下的 70%由项目公司通过银行贷款等融资方式取得（图 8.10、表 8.10）。

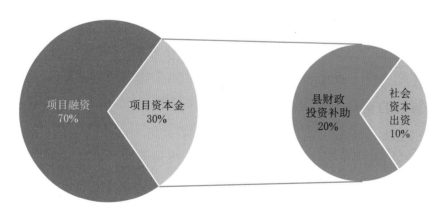

图 8.10 西吉县"互联网＋城乡供水"投融资比例图

社会资本方按西吉县人民政府和项目实施机构要求和工期进度完成项目资本金出资，并制定切实可行的融资计划及应急预案，通过提供股东担保或股东借款等多种方式解决融资。

表 8.10　　　　　　　项 目 投 融 资 结 构 表　　　　单位：万元

项目总投资	各方出资比例及金额			
20480.41	项目资本金（30%）	6144.12	县财政投资补助（20%）	4096.08
			社会资本出资（10%）	2048.04
	项目融资（70%）	14336.29	融资机构（70%）	14336.29
合计	100%	20480.41	100%	20480.41

（4）股权比例。根据相关政策文件规定及项目实际情况，本项目由社会资本方独资成立项目公司，注册资本 2048.04 万元，在项目公司中持股 100%。

（5）利润分配。本项目社会资本以其股权投资参与项目公司利润分配。项目公司的税后利润提取 10% 的法定盈余公积后由社会资本方分取。

（6）回报机制。项目回报机制采用"使用者付费＋政府可行性缺口补助"的混合模式。

西吉县"互联网＋城乡供水"项目经济效益预测

1. 企业收益大幅增加

本项目通过信息化手段提高城乡供水管理水平，并通过改造管网及阀井，提高供水保证率，降低自来水供水管网的漏失率，管网水渗漏损失由现状的 18% 降低到 12%，按现状年供水规模 920 万 m^3 计算，则可节约水资源 55.2 万 m^3，供水影子价格取 4.2 元/m^3，节水效益为 231.84 万元。

西吉县原有的城乡水费收缴率约为 60%，本项目通过更新水表计量方式和收费模式，实现入户水表远程抄表和移动收费，实现综合水费收缴率达到 95%，供水影子价格取 4.2 元/m^3，则可增加水费收入 1352.4 万元。

上述两项企业每年可增加效益 1584.24 万元。

2. 企业运行成本下降

企业年运行费（运营成本）主要包括原水费、燃料动力费、维修养护费、工资及福利费、更新改造费、其他费用等。

3. 政府补贴减少

西吉县城乡供水水价为 2.3 元/m³，年均实际供水规模 920 万 m³，水费收入 2010.2 万元，政府补贴由 1243.92 万元减少到 690.01 万元。

4. 供水保证率提高

通过应用信息化技术，54 座泵站、294 座蓄水池均实现了自动化控制，减少了原人工启动机泵不及时造成的供水不稳定情况。工程布设了 426 处管网监控点，能够迅速探测到管网爆管、断裂等情况，大大降低管网损伤弃水量。供水保证率由原来的 85% 提高到 95% 以上。

8.2.3 海原县 EPC 建设管理模式

海原县在"互联网＋城乡供水"项目实施中采用 EPC 总承包建设管理模式，在实践中进一步优化 EPC 建管模式，通过使用数字化、信息化技术，对 EPC 核心业务流程及各业务环节进行分解，制定业务模块数据流程和功能流程监管平台，进一步提高 EPC 建管模式的协同化、标准化、一体化和知识化水平，有效保障海原县"互联网＋城乡供水"项目高质量实施。

（1）项目概况。海原县"互联网＋城乡供水"项目批复总投资 1.41 亿元，建设范围为海原县 17 个乡镇和盐池管委会共计 152 个行政村 958 个自然村，涉及 77357 户 36.34 万人。项目主要建设内容包括：新建泵站、蓄水池及管网测控阀井 1234 座，拆除及新建联户水表井 2569 座，维修改造水表井 1980 座。配套保温防盗措施联户水表井 7457 座，新建农村消防井 152 座，新建及提升改造泵站监控系统 47 座，新建蓄水池自动化监控系统 372 座，布设输配水管网监控点共 413 处。更换安装远传水表 75093 套，大用户远传水表 155 套。安装水质在线监测设备 18 套。新建总调度中心 1 处，提升改造乡镇水务工作站 3 处。配套建设供电系统、通信网络系统、业务应用系统及网络安全系统。

（2）EPC 总承包项目，数字化建管一体化。项目建设单位宁夏水利水电勘测设计研究院有限公司采用 EPC 总承包项目，采用"BIM 技术建模＋装配式预制生产管控＋数字化建管"的理念，创新宁夏地区"互联网＋城乡供水"EPC 项目全过程数字化建管的新模式。

该模式结合预制、施工、验收、巡检的工程节点，围绕项目部、片区施工队、监管单位等分级分角色用户体系，综合生产上报、进度上报、工程验收、问题上报等建管业务功能，通过信息化手段助力"互联网＋城乡供水"EPC 项目，实时掌握各片区预制、施工进度情况，确保质量验收记录的逐级审核及线上存档，提升巡检问题处理的时效性。

海原县 EPC 数字建管一体化结构如图 8.11 所示。

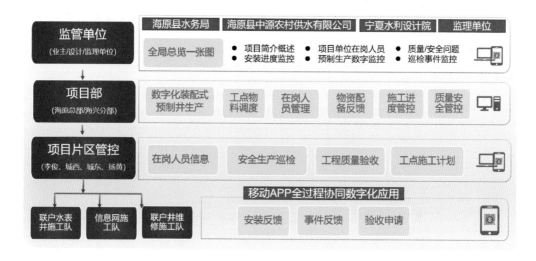

图 8.11 EPC 数字建管一体化结构图

海原县 EPC 建设启用了 EPC 数字建管一体化结合数字化平台，利用 BIM＋装配式设计建模对尺寸、水井直径、间距以及保护层厚度进行三维精细设计；通过各片区施工单位定期上报安装计划，安排预制井生产任务，实时监控建设实施过程中的工点物资需求，及时为片区配送预制井和水表，并记录车辆、人员、联系方式等，依据计划实施安装工程；施工队组采用 APP 实时记录安装节点并拍照上报，实时反馈安装进度。质量管理验收风险管控：针对分包施工方提交的工程验收申请，由项目部的片区责任人核实拍照或整改反馈，直至工点实施合格；排查片区施工点相关风险隐患信息并采集拍照，进行安全事件处置的上报和在线处理反馈闭环流程，如图 8.12 所示。

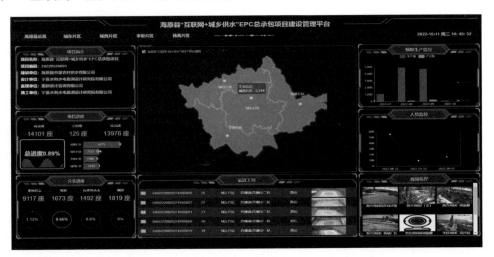

图 8.12 海原县"互联网＋城乡供水"EPC 总承包项目建设管理数字平台

8.2.4 隆德县 ICMS 投、建、管、服一体化推进模式

隆德县综合了固原市其他县（区）在投、建、管、服等方面的经验做法，整合形成了"互联网＋城乡供水"投、建、管、服一体化推进模式，并在隆德县项目建设上取得了显著效果。

投、建、管、服一体化模式（Integration of Investment，Construction，Management and Service，ICMS）是政府通过与社会主体建立起"利益共享、风险共担、全程合作"的共同体关系，将部分政府责任以特许经营权方式转移给社会主体，由社会主体按照"四位一体"的发展模式负责项目的投融资、工程建设、运营管理及服务，该模式的优点是可以减轻政府财政压力，打通从投资、融资、建设管理到运营服务整条产业链，实现对项目全生命周期、全产业链的掌控。隆德县投建管服一体化具体做法如图 8.13 所示。

项目中涉及投、建、管、服各方的具体工作如下。

1. 投融资模式

对于新建项目可以采用 BOT 模式和 BOO 模式，但由于供水项目为准公益性项目，为了保证公共性和公益性，避免政府投入形成的资产与社会资本投入形成的资产界限不清造成纠纷，保证中央和自治区级投资补助资金形成的资产权属清晰，项目资产权属应归于政府，合作期满后项目资产无偿移交给项目的实施机构或其指定机构。BOO 模式不符合运营期项目资产归政府所

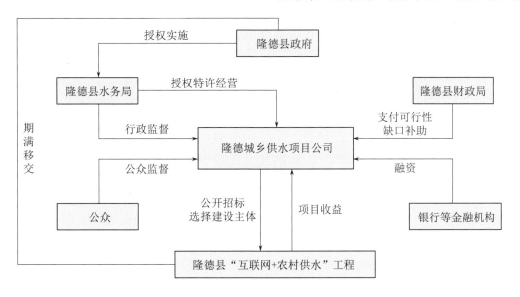

图 8.13 项目运作模式图

有的要求，所以对于新建供水项目，推荐采用 BOT 模式。新建项目各种运作模式的对比分析见表 8.11。

表 8.11 新建 PPP 项目运作模式的对比分析

序号	投融资模式	项目运作模式	分类	适用类型	融资职责	建造职责	运营职责	资产所有权	资金来源
1	PPP	BOT	特许经营类	新建项目	社会资本	社会资本	社会资本	政府	少量政府投资＋企业＋企业贷款
2		BOO		新建项目	社会资本	社会资本	社会资本	社会资本	企业＋企业贷款

对于存量项目，可以采用 O&M 模式及 TOT 模式，但由于供水项目为准公益项目，收益率低，采用 TOT 模式达不到企业预期的收益率，所以对存量项目推荐采用 O&M 模式。存量项目各种运作模式的对比分析见表 8.12。

表 8.12 存量项目各种运作模式的对比分析

序号	投融资模式	项目运作模式	分类	适用类型	融资职责	建造职责	运营职责	资产所有权	适用条件
1	PPP	TOT	特许经营	存量项目	政府	政府	社会资本	政府	具有良好收益率的存量项目
2		O&M		存量项目	政府	政府	社会资本	政府	存量项目

隆德县将已建和拟建供水工程打包，通过法定流程选择专业公司进行已建工程的运维服务（O&M 模式）和拟建工程的投资、建设、运维和服务（BOT 模式）。具体项目运作方式决策过程如图 8.14 所示。

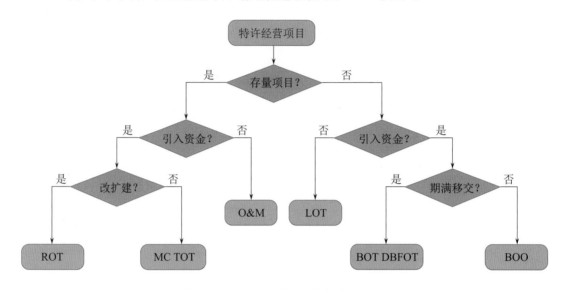

图 8.14 项目运作方式决策过程图

2. 建设模式

隆德县"互联网＋城乡供水"工程覆盖全县 13 个乡镇 18.6 万人。根据对以上几种建设模式的对比分析，代建制模式和 EPC 模式均能够有效地解决上述问题，但代建模式下，业主承担项目建设的全部费用和风险，且不利于项目总价的控制。而 EPC 模式下，承包商承担项目建设中大量的风险。因此本项目的建设模式建议采用总承包模式（EPC），项目公司通过法定程序选择合适的 EPC 总承包单位，负责项目设计—采购—建设等各环节的工作。

隆德县发展改革局为项目建设主管部门，县审批服务管理局为项目审批单位，县水务局为项目监管单位。项目公司监督、检查工程建设，主持竣工验收工作。项目公司为项目实施主体，组织工程实施。工程建设严格实行项目公司负责制、招标投标制、建设监理制和合同制管理，严格按照批复规模、标准和内容组织实施，严格执行基本建设相关管理办法和程序，确保工程质量和施工安全。

3. 运行管理模式

借鉴彭阳县运行管理的成功经验，隆德县政府在绝对控股的前提下组建本地专业化供水管理公司，授予其特许经营权，实行所有权和经营权分离，由供水管理公司对隆德农村饮水工程进行管理维护。

项目采用成立供水管理公司的方式进行运行管理。为了防止国有资产流失，保证政府对项目有绝对的控制权，县级人民政府需在绝对控股的前提下组建供水管理公司（管理主体），授予供水管理公司特许经营权，实行所有权和经营权分离，由供水管理公司对隆德农村饮水工程进行管理、维护。项目运行管理体系如图 8.15 所示。

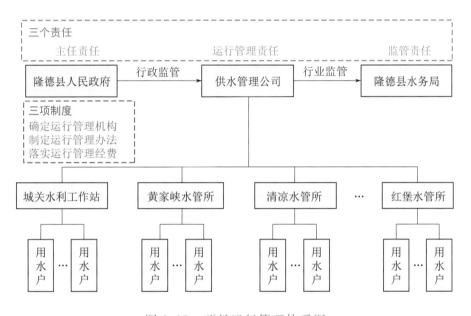

图 8.15　项目运行管理体系图

4. 专业化服务

隆德县服务网建设以建立专业化运维管理公司为前提，全域开展"线上＋线下"城乡供水一体化服务。

"线上"构建全县统一的信息公开服务体系，全县统一平台、统一规范、上下同步、分级管理，通过公众号、小程序、各级门户等多渠道进行信息公开，为用户提供实时信息公开服务。积极开展网上营业厅服务，面向政府、企业、社会公众开设从政策到供水服务全过程的综合服务窗口，实现信息数据共享与可视化表达。

"线下"开展构建隆德县应急中心，全县统一标准、规范管理，实现与网上营业厅、便民服务厅中的应急模块对接联网，接收、处理并及时反馈群众投诉及供水问题，为用户提供应急保障服务。构建县级运维养护中心，全县统一标准、统一调度，与应急中心互联互通，快速响应应急事件，提供日常运行养护。实现"线上""线下"业务全同步，业务就近办、立即办、一次办，流程推进消息提醒及时到位的服务需求。

5. 实现目标

投、建、管、服一体化模式通过考虑项目全生命周期的推进建设，实现项目资金高速周转，建设迅速推进，服务优质送达，实现了以下目标任务：

（1）融资渠道多元化。以政府为主体，社会资本参与，拓宽投融资渠道，提高资金使用效益，逐步加强政府投融资能力，形成政府主导、市场运作、社会参与的多元化投融资格局。

（2）建设管理系统化。采用新型建设管理模式，统一规划、统一标准、统一建设，形成全县城乡供水统筹协调、稳步推进新格局。

（3）运营服务数字化。推进供水企业数字化转型升级，同步建设供水运营维护自动化、信息化系统，实现少人值班、无人值守、在线监测、自动抄表、手机缴费等，实现"线上""线下"服务全覆盖，提高供水运维的现代化水平。

（4）城乡供水一体化。在隆德县范围内逐步打破城乡分界、行政分界限制，通过投建管服一体化的模式，逐步建成县域内设施完善、服务高效、保障有力的现代水网体系，实现城乡供水公共服务均等化。

（5）数字供水产业化。通过实施县域供水一体化、供水产业一体化、建设管理一体化，对现有供水工程实施数字化转型升级，培育优质数字化供水产业，做大做强县级水务资产。

8.3 宁夏"互联网＋城乡供水"省级示范区建设

在彭阳县级典型案例和固原地区级探索基础上，2020 年 11 月，宁夏出台了《宁夏回族自治区"互联网＋城乡供水"示范省（区）建设实施方案（2021 年—2025 年）》，要求以宁夏六大水源工程为基础，推进"互联网＋城乡供水"示范省（区）建设，构建现代化城乡供水体系。

8.3.1 总体布局

宁夏地处我国西北内陆干旱区，面积 6.64 万 km²，分为北部引黄灌区、中部干旱风沙区和南部黄土丘陵区，宁夏地理分区如图 8.16 所示。

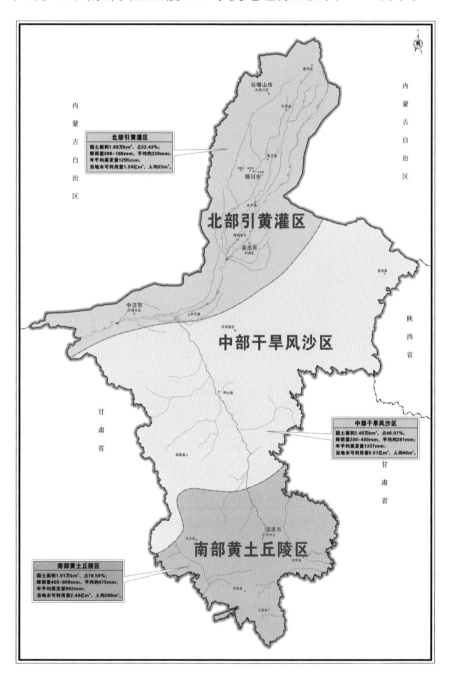

图 8.16 宁夏地理分区图

截至 2020 年年底，宁夏全区总人口 699.86 万人，其中农村户籍人口 405.24 万人。全区农村自来水普及率 85％，集中供水率 98％，规模化供水工程供水保证率 95％，小型供水工程供水保证率 90％。

宁夏"互联网＋城乡供水"示范区的建设目标是通过示范建设，建成覆盖全域、联通城乡、设施完善、机制健全、服务高效、保障有力的城乡供水工程网、信息网、服务网，逐步实现城乡供水服务均等化。到 2022 年，全区城市公共供水率提高到 97％，管网漏损率降低到 12％以下；农村自来水普及率达到 90％，规模化供水工程服务农村人口比例达到 90％。到 2025 年，全区城市公共供水率提高到 99％，管网漏损率降低到 10％以下；农村自来水普及率达到 99％以上，规模化供水农村人口比例达到 99％以上。

宁夏"互联网＋城乡供水"示范区的管理目标是通过示范建设，城乡供水管理责任制度全面落实，千吨万人供水工程饮用水源保护全面完成。各县（区）"互联网＋城乡供水"管理模式全面推广，管理水平显著提高。到 2022 年，县级城乡供水工程水价制定率达到 95％，水费收缴率达到 92％；到 2025 年，县级城乡供水工程指导水价制定率达到 100％，水费收缴率达到 95％。

8.3.2 建设内容

1. 工程网建设

城乡供水水网在已建、在建和拟建水源工程的基础上，实施城乡供水骨干工程，高标准改造供水管网，进行农村水网工程升级，建成全区城乡一体化供水"工程网"，详见附录 3。

银川市所辖三区全部由银川市都市圈城乡西线供水工程供水，该工程建成后将关闭银川市区部分地下水源地；永宁和贺兰两县供水由沿 G109 输水管道至该县水厂再加压供水至各自区域，保留地下水源作为三区两县的备用水源；灵武市从银川市都市圈城乡东线供水工程供水。

石嘴山市下辖惠农区、大武口区和平罗县，其中大武口区和平罗县城区及河西片区规划全部采用银川市都市圈城乡西线供水工程供水；平罗县河东片区和惠农区则全部就近从黄河取水。

吴忠市下辖 5 县（区）中，利通区对接银川都市圈东线供水工程及盐同红供水工程，青铜峡市对接银川市都市圈供水西线和东线工程，红寺堡区将采用盐同红片区供水工程水源，同心县对接西海固地区脱贫引水工程供水和陕甘宁引水工程供水，盐池县对接盐环定扬水工程。

中卫市下辖两县一区。其中沙坡头区及中宁县的河北、河南片围绕在黄河南北两岸，统称为卫宁片区，供水工程各自独立，均有黄河水源供给；沙坡头的香山乡、兴仁片区，中宁的喊叫水、徐套片区和海原县则由清水河流域城乡供水工程供水。

固原市下辖四县一区。其中原州区、彭阳县、西吉县直接由宁夏中南部城乡饮水安全工程供水，并以清水河流域城乡供水工程作为备用水源，隆德县、泾源县则是以境域内的水库为水源，宁夏中南部城乡饮水安全工程作为备用水源。

2. 信息网建设

宁夏城乡供水"信息网"总体架构为"一个中心，三个平台，三大体系"。

"一个中心"为各县（区）"互联网＋城乡供水"管理数据统一接入城乡供水云资源中心，"三个平台"为自治区、市、县三级供水管理平台，"三大体系"即实时感知体系、传输体系、应用体系。

信息网的测控设施建设包括水源、水厂、管网、泵站、视频等监控、测量及控制设施的完善，从而实现从水源地、输水管网、各级水池到用户用水全程的监测、控制、计量，实现需水供水、运行管理、检修养护的信息化、移动化、智能化；推动城乡供水工程建设、管理和服务转型，达到减员、降本、增效的效果；促进水务资源信息共享，增加公众服务透明度，增强饮水安全保障能力。

城乡供水服务云平台依托自治区电子政务云，采用"统一部署、多级应用"模式建设。各市、县（区）水利管理部门可通过网络专线的方式远程登录城乡供水服务平台进行相关业务处理，并对所辖区域的城乡供水实现监管，包括业务应用系统和应用门户系统。

业务应用系统包括供水工程自动化监控系统、工程管理系统、水费计收管理系统、用水节水管理系统、物资管理系统以及电子政务系统。应用系统包括供水门户、供水一张图以及供水移动 APP 等应用。

3. 服务网建设

服务网总计框架体为用户层、支撑层、应用层、展现层，涵盖了服务能力、服务平台及客户端、传输网络等建设内容。

服务能力将建设线上营业厅、应急中心和线下监督监管、水质管理、运维保障体系。服务平台依托大数据平台数据支撑，实现对供水设施的动态化管理。城乡供水客户服务平台，通过点对点、零距离、无休息等方式，实现特色服务专业化、跟踪服务动态化和社会服务民生化，提供更快捷、更精准的客户服务。传输网络将充分利用自治区政务云中心、运营商网络等公共资源建设，同时辅以对乡镇网络覆盖较差地区增加 NB‐IoT 基站。

到 2025 年，宁夏将基本实现"互联网＋城乡供水"全覆盖，基本消除区域、城乡供水服务差距，广大人民群众对供水服务产品基本满意，基本建成全国"互联网＋城乡供水"示范区，基本形成可复制、可推广的新时代"互联网＋城乡供水"模式。

8.3.3 保障措施

1. 强化组织领导，逐级压实责任

城乡供水保障要全面落实地方人民政府的主体责任、水行政主管等部门的行业监管责任和供水单位的运行管理责任"三个责任"，落实城乡供水工程运行管理机构、管理办法、管理经费"三项制度"，以区域、县域为单元，统筹城乡供水规划、建设、管理、运营和可持续发展需求，编制县级"十四五"城乡或城乡供水规划和实施方案，配套政策机制，示范引领推动，因地制宜、分县分类分期实施，相关部门要各负其责、全力配合，协同推进城乡供水建设管理，确保城乡供水"十四五"规划内容落实落地。

2. 引入市场机制，多方筹措资金

建立城乡供水稳定投入机制，积极争取国家专项资金，通过资金整合、财政配套落实地方财政资金，探索"专项债＋政策性银行贷款"、债贷组合等融资方式，大力引入社会资本、金融资本，多渠道筹措城乡供水建设资金。地方政府要建立水价机制，开展水价测算及定价，配套出台水价补贴和维修养护资金等保障政策，逐步推行全成本收费，足额落实水价补贴资金和工程维修养护资金，提高水费收缴率，切实解决城乡供水建设管理和运行维护资金缺口，保障工程可持续良性运行。

3.规范工程建设，确保建设质量

要全面落实工程质量管理主体责任和工程质量安全终身责任制，严格落实工程建设法律规范和行业制度，全面落实项目法人责任制、招标投标制、工程监理制和合同管理制，规范城乡供水建设程序，强化对城乡供水工程重点环节、关键部位和施工过程质量管控。积极探索PPP、EPC、"EPC＋O"等新模式，创新城乡供水工程建设管理模式。推广应用新技术、新工艺、新材料，不断提升工程质量和建设效率，完善工程体系，提升供水保障能力。

4.加强运行管护，健全机制体制

坚持"先建机制，后建工程"，推进城乡供水立法，为城乡供水工程长效运行提供法制保障。探索城乡供水投、建、管、服运营管理一体化，建立责、权、利明晰，管理体制精简、高效、低成本的专业化管理机构及队伍，实现城乡供水全流程专业化管理服务。充分利用云计算、物联网、大数据、移动互联网等先进技术和城乡供水管理服务平台等公共信息资源，推行网上管理服务，推进智能化运维保障，提高运行管理效率和效益。

第 3 篇

宁夏 "互联网+城乡供水" 保障篇

本篇对宁夏推动实施"互联网＋城乡供水"的保障措施与成效情况进行了梳理总结，详细介绍了自治区党委、政府高位推动"互联网＋城乡供水"，各级政府与相关部门协力强化组织保障，积极探索"互联网＋城乡供水"实施新路径，持续激活市场活力，强化从源头到龙头的全过程管控，不断优化服务提升满意度，不仅为人民群众通上了自来水，还提升了行业治理效能，助推乡村全面振兴。

面对资源型、工程型、水质型缺水并存造成的人畜饮水用水困难问题，自治区历届党委、政府始终心怀"国之大者"，始终坚持以人民为中心，始终把增进民生福祉作为头等大事，始终把让人民群众喝上"安全水、放心水"作为幸福美好生活最直接、最基本的诉求，在党中央、国务院的大力支持下，实现了城乡群众从"喝水难"到"喝上水""喝好水"的历史性跨越。

本篇内容主要包括3章，其中：第9章坚持以人民为中心，站在"不忘初心、牢记使命"的高度，介绍了宁夏推进"互联网＋城乡供水"的主要保障措施，特别是自治区党委、政府坚持高位推动，强化责任落实与部门协同，探索出了"互联网＋"创新驱动新路径；第10章系统施策提升效能，从管好城乡供水生命线、优化营商环境激发市场活力、优化服务提升人民群众满意度等方面，阐释了宁夏发挥"互联网＋城乡供水"效能的主要措施；第11章水润农家共同富裕，从人民群众、行业治理和乡村发展三个层次，阐述了"互联网＋城乡供水"所取得的主要成效。

第 9 章

坚持以人民为中心

党的十八大以来，以习近平同志为核心的党中央坚持把人民群众的"小事"，作为党和政府的大事。饮水安全是人民生活的一条底线，各级政府坚持"以人民为中心"，坚决扛牢保障民生的主体责任，把解决城乡供水作为头等大事常抓不懈，让人民群众喝上"安全水、放心水、幸福水"。

习近平总书记在党的二十大报告中提到，"要坚持城乡融合发展，畅通城乡要素流通，到 2035 年，人民生活更加幸福美好，居民人均可支配收入再上新台阶，中等收入群体比重明显提高，基本公共服务实现均等化，农村基本具备现代生活条件，社会保持长期稳定，人的全面发展、全体人民共同富裕取得更为明显的实质性进展"。"互联网＋城乡供水"为实现公共服务均等化提供了重要支撑，而均等化的公共服务是实现乡村振兴的重要保障。

9.1 ▶ 省部联合高位推动

9.1.1 扛牢责任全域推动

宁夏地处我国西北内陆，缺水问题一直影响着地区经济社会发展和人民

幸福生活，饮水用水困难长期存在，影响城乡群众安居乐业与正常生活。

习近平总书记十分关心宁夏群众饮水问题，在2016年7月考察宁夏时就走入泾源县大湾乡杨岭村一位百姓的家中询问"你常洗澡吗？"总书记指出："要坚持以人民为中心的发展思想，切实解决好群众的操心事、烦心事、揪心事""要巩固提升脱贫成果，保持现有政策总体稳定，推进全面脱贫与乡村振兴战略有效衔接"和"努力建设黄河流域生态保护和高质量发展先行区"（图9.1）。

图9.1　2016年7月习近平总书记在宁夏固原市泾源县
大湾乡杨岭村考察时向村民们问好

（新华网 http：//www.xinhuanet.com/politics/
2016-07/20/c_1119252332.htm）

宁夏各级党委、政府深入贯彻习近平总书记重要指示精神，始终把解决农村人口饮水用水问题作为头等大事常抓不懈，运用"互联网＋"技术实现了欠发达地区城乡供水的跨越式发展。

宁夏在全域推动"互联网＋城乡供水"方面开展了以下工作：

（1）持续推进城乡供水工程建设。从20世纪70年代开始，先后建成了固海扬水工程、盐环定扬水工程、扶贫扬黄灌溉工程、固海扩灌工程、中南部城乡饮水安全工程等一系列水利工程，有效解决了全区720万城乡居民饮水用水难题，保障了农民灌溉用水、生活饮水权益，回应了群众对饮水用水的关切需求，增进了民生福祉，"共产党好，黄河水甜"是当地群众对党和政府切实解决饮水用水问题表示由衷感谢的真实内心写照（图9.2）。

图 9.2 泾河水真甜 党的恩情更深

（2）自治区积极开展智慧水利先行先试工作。2020年以来，宁夏按照水利部统一部署，以固原市四县一区为重点开展了"互联网＋城乡供水"关键技术、制度设计、标准规范、供水服务、产业培育、投融资模式、节水范式等七个方面的先行先试，以数字化、产业化、市场化方式探索"互联网＋城乡供水"的"投建管服"新模式，运用新一代信息技术构建工程网、信息网、服务网供水体系，推动机制、管理、服务模式创新，解决城乡供水工程"缺人管、跑冒漏、收费难、运行差"的问题，实现从水源头到水龙头全过程数字监管和便捷服务，形成了可复制、可推广的"互联网＋城乡供水"模式。

（3）水利部大力支持宁夏"互联网＋城乡供水"示范省（区）建设。长期以来，水利部坚决扛牢供水行业主责，将"互联网＋城乡供水"示范省（区）建设作为支持宁夏落实习近平总书记"努力建设黄河流域生态保护和高质量发展先行区"重要指示精神的具体举措，大力支持宁夏"互联网＋城乡供水"工作。2022年，宁夏六大水源工程中的清水河流域城乡供水工程和银川都市圈城乡东线供水工程，入选国家150项重大水利工程项目；水利部于2019年9月在宁夏召开农村饮水安全工作推进会，对宁夏"互联网＋城乡供水"取得的工作成果给予了高度肯定，建议宁夏及时总结经验模式并向全国范围推广；2020年6月，在水利部支持宁夏开展"智慧水利先行先试"的基础上，宁夏成为水利部批复同意建设的全国第一个"互联网＋城乡供水"示范省（区）（图9.3、图9.4）。2020年9月11日，《人民日报》头版头条文章《"云"解塬上渴》报道了宁夏彭阳县"互联网＋城乡供水"模式，得到时任水利部部长鄂竟平的批示：“彭阳就是我们工作的方向”。水利部领导非常重视宁夏“互联网＋城乡供水”工作，先后参与宁夏主持召开的农村供水座谈会以及“互联网＋城乡供水”示范省（区）建设启动会、推进会，为加快推进宁夏“互联网＋城乡供水”有关工作提供了坚强指导。

中华人民共和国水利部

水农函〔2020〕70 号

水利部关于同意宁夏建设“互联网＋城乡供水”示范省(区)的函

宁夏回族自治区人民政府：

《宁夏回族自治区人民政府关于将宁夏列为国家互联网＋城乡供水示范省(区)的函》(宁政函〔2020〕50 号)收悉。经研究，同意你区在现有相关工作基础上，组织开展“互联网＋城乡供水”示范省(区)建设。请根据城乡融合发展和乡村振兴战略实施要求，围绕城乡供水一体化、农村供水可持续的目标，结合智慧水利要求和本地实际，先行先试，落实政策、资金、项目等相关支撑保障条件，稳步推进示范省(区)建设工作。有关工作进展情况与成效请及时报送我部。

(联系人及电话：农水水电司　胡孟　010-63202881)

2020 年 6 月 8 日

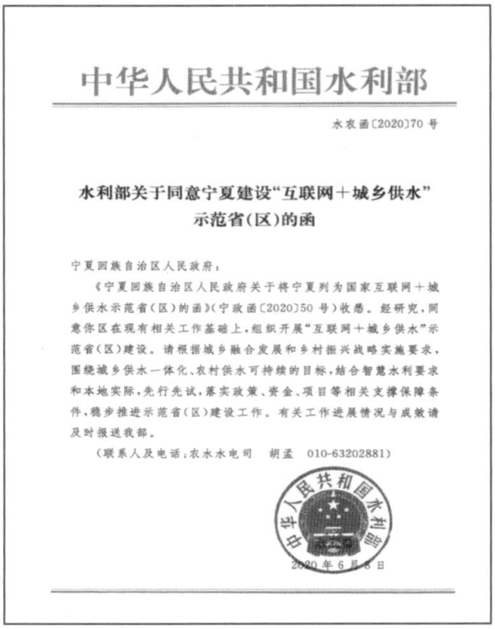

图 9.3　水利部关于同意宁夏建设“互联网＋城乡供水”示范省（区）的函

宁夏回族自治区

人民政府文件

宁政发〔2020〕35 号

自治区人民政府关于印发宁夏回族自治区“互联网＋城乡供水”示范省（区）建设实施方案（2021 年－2025 年）的通知

各市、县（区）人民政府，自治区政府各部门、各直属机构：

现将《宁夏回族自治区“互联网＋城乡供水”示范省（区）建设实施方案（2021 年－2025 年）》印发给你们，请认真抓好落实。

宁夏[illegible]人民政府

2020 年 11 月 [illegible] 日

（此件公开发布）

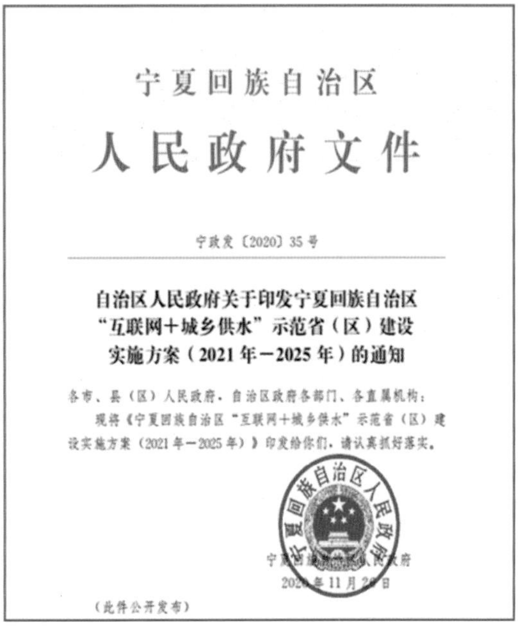

图 9.4　宁夏“互联网＋城乡供水”示范省（区）建设实施方案（2021 年—2025 年）

9.1.2　顶层设计统筹规划

宁夏不断强化顶层设计、统筹谋划和规划引领，着眼加快全区现代水网体系建设和供水产业发展，立足全域推行“互联网＋城乡供水”数字治水模式，编制完成《宁夏“十四五”城乡供水规划》，全面推进“智慧水利”先行先试，深化城乡供水体制机制改革，构建城乡供水一体化新格局。

宁夏印发了《宁夏“互联网＋城乡供水”示范省（区）建设实施方案（2021 年—2025 年）》，确立了“一个平台、两大产业、三张网、四个体系、五个示范省（区）”的总体建设目标任务，构建城乡供水“投、建、管、服”

一体化的新范式。

"一个平台、两大产业、三张网、四个体系、五个示范区"即优化升级自治区城乡供水大数据中心，培育升级数字供水、供水数字"两大产业"，联通升级供水工程网、信息网、服务网"三张网"，配套升级供水组织、制度、标准、安全"四个体系"，着力打造政务云应用、技术创新、政策机制、产业培育、均衡服务"五个示范区"。

宁夏水利厅出台了《关于"互联网＋城乡供水"项目建设资金筹措的指导意见》《关于加强"互联网＋城乡供水"项目建设管理的指导意见》《关于规范"互联网＋城乡供水"项目水价形成机制和动态调整工作的指导意见》等，制定了项目质量评定与验收规程、工程运行与维护规程等，指导着22个县（区）开展"互联网＋城乡供水"项目建设。宁夏"互联网＋城乡供水"规划与预期目标见表9.1。

表9.1　　　　　　　宁夏"互联网＋城乡供水"规划与预期目标

时间节点	规划与预期目标
2023 年	石嘴山市、中卫市基本实现"互联网＋城乡供水"全覆盖
2025 年	银川市、吴忠市基本实现"互联网＋城乡供水"全覆盖，"互联网＋城乡供水"示范省（区）基本建成，实现人人获得安全且负担得起的、质量达标的"自来水"，群众满意度、获得感和幸福感不断增强
2035 年	宁夏全区实现城乡供水基本公共服务体系现代化，城乡居民一同喝上质量优良的"放心水"
2050 年	宁夏全面实现全区城乡供水基本公共服务体系现代化，力争人人喝上天然活性的"放心水"，以高质量饮用水保障高质量人民群众身体健康

9.1.3　周密部署强力推进

在不断完善顶层设计和统筹规划的基础上，宁夏回族自治区党委、政府通过周密部署，将"互联网＋城乡供水"纳入"黄河流域生态保护和高质量发展先行区"建设，列为"十四五"十大重点工程，纳入"数字政府"规划内容，并作为宁夏九大产业之一的电子信息产业进行培育。各县（区）按照"互联网＋城乡供水"顶层设计，积极推进"互联网＋城乡供水"工程，实现了从彭阳县到固原市，再到全区推广的工作态势，先行先试取得了超预期的

工作进展和成效。

水利部与宁夏在推动建设"互联网＋城乡供水"示范省（区）工作中采取了如下举措：

（1）建立省部联动机制。水利部高度重视"互联网＋城乡供水"示范省（区）建设，将六大水源工程中的清水河流域城乡供水工程和银川都市圈城乡东线供水工程纳入国家 150 项重大水利工程清单，并安排中央预算内补助资金予以支持；与宁夏政府联合召开示范省（区）建设工作启动会、推进会（图 9.5），不定期听取有关工作汇报，指导工作开展，形成了省部联动推进机制。

图 9.5　2021 年 6 月宁夏"互联网＋城乡供水"
示范区建设工作推进会

（2）建立领导包抓机制。宁夏将"互联网＋城乡供水"纳入到黄河流域生态保护和高质量发展先行区"十大工程项目"，建立了省领导包抓、部门负责、多方联动、一抓到底的工作机制（图 9.6～图 9.8），成立由自治区级领导牵头负责的自治区城乡供水一体化工程工作推进机制办公室，明确宁夏党委网信办、政府办公厅、发改委、财政厅、水利厅、住建厅等成员单位按职责分工推进各项工作。

（3）成立专门工作机构。宁夏水利厅成立"互联网＋城乡供水"项目推进工作专班，由水利厅分管副厅长任组长，水利厅节水供水处、科技与信息化处、水联网研究院等为成员，确保各项工作有计划有组织按节点推进。

图 9.6 时任自治区人大沈凡副主任调研
彭阳县"互联网＋城乡供水"工作

图 9.7 时任自治区副主席王道席调研
银川都市圈城乡东线供水工程项目

（4）建立工作通报机制。宁夏城
乡供水一体化工程工作推进机制办公
室建立了全区"互联网＋城乡供水"
推进工作台账，建立了自治区统筹、
市区（县）联动的工作推进体系。同
时，按照自治区级领导包抓工作要求，
建立了月报机制，将各县（区）工作
推进中存在的问题及时上报宁夏党委
政府，并同步传送各市、县（区）党
委和政府，纳入县（区）重点督查考

图 9.8 自治区水利厅党委书记、厅长
朱云调研海原县"互联网＋
城乡供水"项目

核内容，确保"互联网＋城乡供水"工作有力推进、取得实效。

9.2 注重强化组织保障

9.2.1 压实地方责任

地方人民政府承担城乡供水保障的主体责任，水行政主管等部门承担相
应的行业监管责任，供水单位承担城乡供水工程运行管理责任，宁夏在压实
各市、县（区）党委、政府主体责任，加快推进供水工程建设的同时，加强
对"互联网＋城乡供水"工作的监督管理和考核评价，主要体现在以下方面：

（1）加强城乡供水工程运行安全管理监督检查。明晰城乡供水管理权责，落实安全生产和供水保障责任主体，强化地方政府监管主体责任、水行政主管部门行业监管责任和供水企业运行管理责任落实，规范城乡供水安全生产监督行为，加强重点督查与核查，建立健全安全巡查与安全隐患排查制度，规范巡查记录，建立安全隐患排查治理台账。

（2）加强日常巡查管护。督促各县（区）建立工程巡查制度，建立工程巡查台账，排查安全隐患。各县（区）水行政主管部门将农村供水负责人、各供水工程管理人员和报修电话向社会公布，自觉接受社会监督。保障维修热线 24 小时畅通，抢修人员 24 小时值守，做到农村供水工程主管道正常通水，支管道、建（构）筑物及入户管道小维修实行限时服务。

（3）强化考核评价。宁夏将"互联网＋城乡供水"示范省（区）建设纳入督查重点内容，定期对各市、县（区）示范区建设推进情况进行检查评估，实行双周调度、每月通报、每季督查、年底考核，对工作进度慢的县（区），视情约谈县（区）政府分管负责人。各市、县（区）政府加强督导，开展项目实施绩效评价和"放心水"满意度测评。宁夏回族自治区政府将"互联网＋城乡供水"项目实施情况纳入对各市、县（区）年度目标管理考核内容，确保项目落地落实。

9.2.2　强化行业指导

宁夏在推进"互联网＋城乡供水"示范省（区）建设的过程中，突出各级水行政主管部门行业指导和监管的重要作用，水利厅成立全区"互联网＋城乡供水"工作专班，负责监督城乡供水工程规划、项目实施方案等前期工作和组织实施，指导、监管城乡供水工程建设和运行管理等工作，加强对各县（区）项目实施的政策技术指导和项目推进引导，确保示范省（区）建设稳步推进。

宁夏水利厅印发了《宁夏"互联网＋城乡供水"数据规范》《关于规范"互联网＋城乡供水"项目水价形成机制及动态调整工作的指导意见》《关于加强"互联网＋城乡供水"项目建设管理的指导意见》《关于"互联网＋城乡供水"项目建设资金筹措的指导意见》，从数据安全规范、水价机制改革、"投建管服"一体化模式和投融资模式等方面，统筹城乡供水发展和安全，保障城乡供水工程长效良性运行，全面推进宁夏"互联网＋城乡供水"示范省

（区）建设。

9.2.3 部门合力推进

在强化地方行政首长负责制和水利部门行业技术指导的基础上，宁夏人大、政府分管领导亲自领导推动"互联网＋城乡供水"示范省（区）建设，各级发改、财政、水利、住建等有关部门按照职责分工，密切配合，协同发力，在统筹协调、规划设计、资金投入、水价改革、协同监管等方面提供了有力保障。

（1）在优化升级城乡供水管理服务平台方面，由各级水利部门牵头，各级推进"数字政府"建设领导小组办公室、发改、财政等部门配合完成实施水利云升级、管理服务平台建设、供水信息网络提升等相关工作。

（2）在培育升级城乡供水产业方面，由各级人民政府牵头，各级发改、财政、国资、税务等部门配合完成优化升级数字供水产业相关工作；由各级水利部门牵头，工信部门参与，各市人民政府配合完成供水数字经济发展相关工作；由各级水利部门牵头，各级数字政府办、住建等部门配合完成实施供水企业数字化升级工作。

（3）在融合升级城乡供水网络方面，各级政府牵头，各级发改、财政、水利等部门配合完成建立完善城乡供水工程网相关工作，各级数字政府办、财政、水利、住建等部门配合完成建立完善城乡供水信息网相关工作，各级水利、国资委、应急保障等部门配合完成建立完善城乡供水服务网相关工作。

（4）在资金投入方面，采取多种举措积极争取国家专项资金，推动各级政府落实财政配套资金，强化资金整合，鼓励支持"专项债＋政策性银行贷款"、债贷组合等融资方式，大力引入社会资本、金融资本，为"互联网＋城乡供水"建设提供了较为充足的资金保障。

（5）在水价改革方面，推动各地因地制宜构建符合当地实际的水价形成机制，科学开展水价测算，支持建立健全与工程良性运行相适应的水价定价机制，制定完善水价财政补贴、维修养护资金支持等保障政策，逐步推行全成本收费，提高水费收缴率，切实解决城乡供水建设管理和运行维护资金缺口，推动实现工程可持续良性运行。

（6）在协同升级城乡供水监管方面，由各级人民政府牵头，各级发改、财政、水利、住建、生态环境、卫生健康等部门配合完善"互联网＋城乡供水"组织、制度、管理、安全体系。

9.3　探索创新实施路径

9.3.1　创新大水源大水厂大管网大连通

《宁夏"十四五"城乡供水规划》明确了主要建设目标，即：通过"大水源、大水厂、大管网"建设和"互联网＋城乡供水"示范省（区）建设，建成覆盖全域、联通城乡、设施完善、机制健全、服务高效、保障有力的"三张网"，逐步实现全区城乡供水公共服务均等化。在规划引领下，宁夏不断加快水源工程建设，开展水厂达标行动，实施管网、入户工程改造提升，分步连通已建、在建和拟建城乡供水工程网，为"互联网＋城乡供水"项目提供良好的水源基础。

立足彭阳县"互联网＋城乡供水"的成功经验，秉持城乡一体、全域推进的工作思路，以中南部城乡饮水安全水源工程、银川都市圈城乡西线、东线供水工程、清水河流域城乡供水工程、中卫市城乡供水一体化工程及陕甘宁革命老区城乡供水工程等 6 大骨干供水水源工程为主体，结合宁夏北部惠农、南部隆德两大独立片区，形成"6＋2"的大水源格局，建设城乡打通、区域互通、县县连通的输配水管网，构建"北部双源互备、中部多线互济、南部双水互通"的城乡供水"大水源、大水网"保障格局（图 9.9、图 9.10）。

图 9.9　推进"大水源、大水厂、
大管网、大连通"建设

图 9.10　宁夏固原地区城乡
饮水安全水源工程

宁夏运用"互联网＋"技术赋能，通过整合小而散的供水工程，有力推进了供水城乡一体化建设进程，形成大水源、大水厂、大水网的大连通供水格局，逐步实现城乡居民用上安全水、放心水、幸福水，不断提升老百姓满意度、幸福感和获得感。

9.3.2　工程网信息网服务网深度融合

近年来，宁夏在城乡供水工程网的基础上，围绕数字政府建设，对标供水服务均等化的目标，运用"互联网＋"技术与信息化手段对传统水利建设、管理和服务模式进行优化重构并赋能，紧扣"云、网、端、台"进行数字治水创新实践，坚持数据上云、公网传输、专注应用、机制适配，以数字化技术对治水工具、方式流程、体制机制、组织架构进行革新，促进城乡供水工程网、信息网、服务网深度融合。

宁夏依托"互联网＋城乡供水"示范省（区）建设，借助良好的政、产、学、研、用科创平台，创建了宁夏水联网数字治水产业园，基本培育了数字治水产业体系，不断壮大数字产业规模。

2019年，宁夏水联网数字治水产业园在银川中关村创新中心揭牌，充分运用宁夏水治理各项实践成果，推动数字治水产业发展，打造银川全国数字经济示范区，成功引进阿里云、启迪孵化器、宁波水表、汇中仪表等知名企业入驻，成立宁夏水联网数字治水（银川）技术创新中心，确立了"研究院＋试验区＋产业园"三位一体的数字治水科技创新架构。经过近三年的发展培育，打造了包含"云网端台数安、政产学研用经"等12个要素的"互联网＋城乡供水"示范省（区）建设成果，成功运用"互联网＋"技术思维推动区域数字新业态蓬勃发展。

2022年9月，"黄河云暨数字治水产业云"在银川正式发布，黄河云依托清华大学—宁夏银川水联网数字治水联合研究院创新平台开展云上创新，通过汇聚政府及企业治水数据、应用科研单位模型算法、加强云算力支撑、提供数据流通机制和安全保障等服务，支撑治水行业算力、算法、数据、应用、产业等资源协同创新。黄河云的发布标志着全国第一个水利新基建数字高速公路的建成，提供面向全国的云上创新与产业培育服务。

9.3.3 投资建设管理服务一体推进

坚持"先建机制，后建工程"，推进城乡供水立法，为城乡供水工程长效运行提供法制保障。探索城乡供水"投、建、管、服"运营管理一体化模式，建立专业化管理机构及队伍，实现城乡供水全流程专业化管理服务。充分利用"互联网＋"的先进技术和城乡供水管理服务平台等公共信息资源，推行网上管理服务，推进智能化运维保障，提高运行管理效率和效益。

"投、建、管、服"一体化模式在"互联网＋城乡供水"推进中发挥的主要作用有：

（1）构建县域单元的城乡供水服务体系，推进工程单元最大化建设。宁夏建立以政府为主导，以企业为主体的城乡供水一体化建管机制，采取特许经营方式，推行PPP、EPC＋O等建设管理模式，引入区内外优质企业，打造县域经济新的增长点，实现"投、建、管、服"一体化管理。宁夏水利厅充分发挥行业部门创新引导作用，为"互联网＋城乡供水"提供顶层设计、云网资源和创新服务，支持各县（区）加快推进"互联网＋城乡供水"。

（2）完善城乡供水工程运营服务机制，积极培育城乡供水服务主体。宁夏推行专业化经营服务模式，建立城乡供水工程专业化管理机构及队伍，推进从政策、标准的科学制定到供水服务全流程的专业化管理，实现城乡居民供水服务均等化。探索城乡供水市场化和产业化发展道路，鼓励引导骨干企业、高新企业整合城乡供水资产，全面承接城乡供水建设运营服务，形成以产权为纽带的城乡一体化供水集团，对现有供水工程实施数字化转型升级，实现运营服务智能化。

（3）推进兼并重组、综合服务，提升城乡供水专业化水平。宁夏在培育壮大涉水企业方面，鼓励企业兼并重组，发挥企业专业化运营、规范化管理、规模化发展的优势，推进跨区域综合服务，提升城乡供水运行管理水平和服务质量效率。发挥骨干水务企业在项目筹资、工程建设、生产运营、供水服务等方面的主体责任，全面承接城乡供水工程"投、建、管、服"一体化运营管理，推进涉水业务市场化，不断培育壮大供水产业和供水企业。

第 10 章

系统施策提升效能

党的二十大报告提出："江山就是人民，人民就是江山。中国共产党领导人民打江山、守江山，守的是人民的心。治国有常，利民为本。为民造福是立党为公、执政为民的本质要求。必须坚持在发展中保障和改善民生，鼓励共同奋斗创造美好生活，不断实现人民对美好生活的向往。"宁夏"互联网＋城乡供水"，依托水联网技术支撑，实现从源头到龙头全过程管控，多措并举优化营商环境，激发市场参与活力，推动城乡供水产业市场化、专业化、数字化，提升县域供水公共服务均等化水平，为城乡居民提供高品质供水服务，有效提升城乡供水工程效能，保障群众安全饮水，增进民生福祉，提高人民生活品质，满足了人民对美好生活的向往。

10.1 从源头到龙头管好城乡供水生命线

按照城乡供水保障地方行政首长负责制的要求，宁夏建立了政府首责、部门担责、责权统一的城乡供水工程运行管理体制，严格落实"自治区负总责、市县抓落实"的工作机制，严格保障稳定可靠、品质优良的饮用水水源安全，强化供水工程水源、管线、监测、检测等设施的运行管护，实现从源头到龙头的全过程管控，确保城乡供水全过程的安全流通。

10.1.1　守护水源安全

宁夏"互联网＋城乡供水"项目在水源安全保护方面采取了以下措施，保障了水源安全，确保人民群众喝上用上安全水、放心水和幸福水。

1. 实施饮用水水源地划界确权，夯实水源管理保护基础

2018 年 4 月，宁夏印发《集中式饮用水水源地环境保护专项行动方案》（以下简称《方案》），确定全县（区）级及以上城市利用 2 年时间，围绕划定饮用水水源保护区、设立保护区边界标志、整治保护区内环境违法问题 3 项重点目标任务，全面完成水源地环境保护专项整治和规范化验收评估工作。

《方案》要求，全面检查饮用水水源地保护区范围划定、边界设立等落实情况，对尚未完成保护区划定或保护区划定不符合法律法规要求的，限期划定或调整；对不按照法律法规要求设置保护区地理界标和警示标志的，限期整改；对保护区内环保手续不全、设施不全、污染治理设施运行不正常等环境违法行为，依法严厉查处。全面清理整治水源地保护区内的排污口及无关建筑；坚持取缔饮用水水源保护区内畜禽养殖、网箱养殖和旅游项目；严格控制化肥、农药使用；做好饮用水水源流域内垃圾和生活污水治理工作（图10.1、图 10.2）。

图 10.1　中南部城乡饮水安全水源工程的心脏——中庄水库

（右为试通水成功）

图 10.2　彭阳"互联网＋城乡供水"的关键节点——五里山水厂

宁夏各级政府对水源地范围内的土地权属进行了确权登记，土地所有权归当地水行政主管部门，土地承包经营权仍归当地群众，但其必须遵守水源地管理保护各项要求。

宁夏各县（区）积极落实水源地保护

永宁县投资 1.25 亿元对该县南部水源地范围内土地予以征收，对水源地范围内的违章建筑物、建筑垃圾、环境垃圾以及不符合水源地保护要求的其他设施等进行了清理整治，并按照水源地管理保护要求，在与当地群众签订土地承包协议时，明确约定土地耕种使用要求，开展绿色种植。

中庄水库作为宁夏中南部城乡饮水安全水源工程的主调节水库，当地对水库坝址以上范围内的村庄进行了全部搬迁，上游土地都划为水源地管理保护范围，耕地调整为生态保护区或水源涵养区，土地所有权归当地水务部门。

根据宁夏水安全保障、生态环境保护等"十四五"规划有关部署，宁夏"十四五"期间将投入 1.25 亿元用于加强水源地涵养配套建设。

2. 构建点网覆盖的立体监测体系，强化水质管控

城乡饮用水水源和供水水质监测工作分别由生态环境和卫生健康部门负责，水利部门负责日常巡检。宁夏生态环境部门在 5 个地级市设立监测站，监测城乡供水水源地水质。宁夏卫生健康部门每年开展两次城乡供水水质卫

生监测工作。水利部门进行巡检，水厂进行自检，全区已建成城乡供水工程水质检测中心 23 个，其中取得 CMA 认证的水质检测中心 5 个，负责辖区城乡供水工程水源水、出厂水和末梢水水质监测工作。

宁夏构建了分级授权、横向到边、纵向到底的水质监测点网体系，布设了覆盖源头、水厂、管网、调蓄水池、用户端等供水全过程的水质实时在线监控设备，实时监测水质状况并定期向全社会公开，保证饮用水安全（图 10.3）。

（a）水源地视频监控

（b）管网入户环节视频监控

（c）现代化监测设备

图 10.3　覆盖供水全过程的水质实时在线监控

彭阳县聘请 6 名专业技术人员对自来水水质定期不定期进行监测、抽检或实时在线监测，水质检测结果每季度在彭阳县卫生健康局官网和 APP 公布。图 10.4 显示了隆德县政府官网公开的水质检测报告。

3. 加强水源监管执法，防范各类风险

近年来，宁夏不断强化对现有的 70 处城乡集中式饮用水水源地和 42 处城镇集中式饮用水水源地保护管理，加强饮用水水源地规范化建设，完善监测监控设施、保护区围栏和警示标志，提高水源地监测和应急预警能力。开展城乡千吨万人水源地规范化建设、城市集中式饮用水水源地整治成效巩固提升和风险排查及达标水源地成因分析等行动，从水源地建设、水源地整治和水源地风险成因等方面开展调查与针对性治理保护，加强水源地保护，防治水源污染。

不断提升水源风险防范化解能力。宁夏水利厅每年委托第三方定期对已建水源地进行专项监督检查，对集中式饮用水水源地从水质状况、监测、保护区划定、标志设置、排污口整治、应急管理等方面调查评估，全面准确反映全区城市饮用水水源地基础环境状况，为强化水源地保护区监管、保障饮用水安全提供重要依据。

图 10.4　隆德县在政府官网公开的
水质检测报告

以彭阳县为例，先后制定出台《彭阳县突发水污染事件防范和处置预案》《彭阳县水污染防治工作方案》等管理办法，开展集中式饮用水水源水质监测，建立饮用水水源地信息管理和监测预警系统，建立健全水源地核准及安全评估报告制度，每半年向社会公告一次水源地水情。

加强日常巡查和水行政执法，严格保护水源。各县（区）水利部门安排专人对水源地和输水管线进行日常巡查，及时排查隐患，保障水源安全。宁夏水利厅每年定期不定期检查督导各市、县（区）城乡供水工程建设管理情况，对工程水源、水质、水厂、水质检测中心等巡查抽查。各地结合实际，

联合公安、生态环境等部门，对水源地周边的倾倒垃圾、违规取土等违法违规行为联合执法。

海原县四项措施强化水源地保护
保障居民饮水安全

近年来，海原县积极按照"水量保证、水质达标、管理规范、运行可靠、应急保障"的总体要求，立足"四项措施"，持续开展应急水源地保护工作，确保饮用水源水质优良、水量充足、水生态良好，全力保障县城居民饮水安全。

（1）划定水源地保护范围。为加强水源地保护工作，海原县结合发展实际，聘请宁夏工业设计院对城市水源地进行保护区划分，《水源地保护区划分方案》于 2017 年 12 月获得自治区人民政府批复。保护区总面积 14.85km²，其中一级保护区 2.81km²、二级保护区 12.04km²。同时，将水源地也纳入生态红线划定范围，确保水源地饮水安全。

（2）加强水源地环境保护。成立水源地规范化建设领导小组，对县城饮用水源地周围违章建筑、污染企业进行了集中强制拆除，在保护区埋设界桩 892 个、设置界碑 51 座、交通警示牌 8 个，完成一级、二级保护区绿化和一级水源地围网、视频红外监控、在线监测设施安装，有效维护了城市饮用水源地周围环境，切实保护了饮用水水源安全。

（3）加强水源涵养林管护。南华山现有林地面积 23 万余亩，是县城唯一水源涵养地，海原县始终坚持"一分造九分管"的管护原则，进一步完善森林资源管护责任体系，坚持严防死守，昼夜巡护，切实加强封育禁牧工作，提高林木的保存率，并建立健全了森林病虫害防控体系，确保水源涵养林得到有效保护。

（4）加强水源地水质监管。由中卫市环境监测站对海原县城市水源地的水质进行取样监测，每季度监测一次，对 26 项常规指标进行分析，每年至少进行一次 39 项地下水水质指标全分析，确保水源地水质符合地下水水质Ⅲ类标准。

10.1.2　强化工程管护

宁夏在强化工程管护方面采取了如下一些措施。

1. 实施"一把手"负责制，全力推动工程运行安全措施落地见效

宁夏各市、县（区）实施"一把手"负责制，以县为单元具体实施"互联网＋城乡供水"项目。全面落实工程质量管理主体责任和工程质量安全终身责任制，严格落实工程建设法律规范和行业制度，全面落实项目法人责任制、招标投标制、工程监理制和合同管理制，规范城乡供水建设程序，强化对城乡供水工程重点环节、关键部位和施工过程质量管控，推广应用新技术、新工艺、新材料，不断提升工程质量和建设效率。各市、县（区）政府统筹有关部门加强对项目实施的监督管理，严格监管资质准入、设计标准、工程建设和竣工验收等过程，加强工程项目审批、资金使用和建设管理风险防控，保障工程质量和效果。

宁夏对各市、县（区）"互联网＋城乡供水"项目推进实施情况实行分级考核和绩效评价机制，给予项目推进快、实施效果好的市、县（区）奖补资金支持，激励社会资本通过管理和技术创新提高公共服务质量与水平。规范完善各县（区）工程巡查制度，建立工程巡查台账，排查安全隐患。

2. 以智慧化技术手段强化工程管护，解决"缺人管"难点

数字化强监管，解决"跑冒漏"痛点。应用"互联网＋"技术，在水源、水厂、管网、入户等供水单元安装自动化监控设备，建成集调度、运行、监控、维养、缴费、应急于一体的管理服务平台，对供用水和生产数据实时采集、传递、分析和处理，实现多级泵站和水池智能联调、水质在线监测、事故精准判断和及时处置，工程事故率、管网漏失率大幅下降（图10.5）。

智慧化优服务，解决"收缴难"堵点。创新应用信息化、智能化管理，通过打造"互联网＋城乡供水"信息化管理系统，建成智能门户网站、"供水一张图"、APP"三大入口"，研发自动化监控、工程管理、水费管理、物资管理、用水节水管理"五大应用"，建立城乡供水专题数据库，与宁夏水利厅水慧通平台进行集成，实现从水源到水龙头全流程全环节自动运行、精准管理，改变了传统下井抄表、上门收费的水费收缴方式。

（a）视频监控系统　　　　　　　　　　　（b）数据采集系统

图 10.5　宁夏"互联网＋城乡供水"视频监控与数据采集系统

3. 引入社会化专业化管理，确保工程长期运行

以彭阳县为例，创新"EPC＋O"运维模式，彭阳县通过"政府购买服务"的形式，引进具备信息系统研发、维护能力的新兴市场主体，辅助开展城乡供水安全工程管理。深化体制机制改革，通过 3 年工程建设、12 年运行维护及组建市场化管理公司模式，实现城乡供水全生命周期的建设、运行、维护保障。同时，彭阳县积极落实按成本水价供水、先收费后使用、计量收费、特许经营、市场运作、城乡同价等水权水价创新机制，实现微信缴纳水费的便利功能。

10.1.3　抓好应急处置

针对工程各类安全隐患问题，宁夏在应急处置方面采取了如下一些措施。

1. 利用现代化技术及时发现、处置工程问题

彭阳县在开展工程管网改造的同时，对全县供水泵站、蓄水池、管网等进行了全面信息化改造。在"彭阳人饮工程管理系统"调度中心，全县城乡供水总体建设情况、用水总量以及每户水费收缴等情况清晰可见。所有泵站、监测点、蓄水池、联户表井均可在分布图上实时显示，随机点开一个，即可看到实时视频监控。供水管道里安装了流量计和水质检测设备，每个村口、每个农户家中都有监测点，无人值守。运维人员可通过手持终端 APP 进行非接触式阀门控制（图 10.6），一旦发现有多放水或漏水现象，系统就会自动报警，所有监测数据运维人员都可以通过手机 APP 查看到，做到事故的精准判别和及时准确处置。用户面临的各类供用水问题，可通过手机 APP 终端提交问题清单，水务部门、供水企业可以在系统中预判并及时安排人员处理，处理进度和结果都在系统中存档，供有关部门监管和社会监督。

图 10.6　工作人员通过引动设备控制供水厂阀门

宁夏有效利用水利部 12314 监督举报服务平台等监督渠道，梳理问题清单、整改台账，建立完善涉及城乡供水投诉舆情受理工作机制，及时掌握各地供水动态，妥善解决涉水舆情问题，群众满意度达到 98%。

2018 年，宁夏统筹部署"12345"政府服务热线上线，建立"统一受理、统一派发、跟踪督办、统一反馈"以及"一日一预警、一日一督办"的热线办理机制，完善部门内部受理、告知、呈批、办理、答复、反馈、存档等流程，确保群众反映问题给予第一时间的接收、派发、回访、反馈，确保热线高效运行。针对群众各类用水饮水紧急状况，督促政府有关部门积极对接乡镇、村（社区）以及工程管理单位进行现场核实、现场督办，确保反映问题及时处理、及时解决（图 10.7）。

图 10.7　供水工程抢修

2. 督促运维企业完善供水应急处置措施，及时消除生产安全隐患

宁夏水利厅监督指导各供水单位及企业加强安全生产应急值守工作，完善细化应急处置预案，健全应急指挥和联动机制，严格执行关键岗位 24 小时值班制度；及时掌握水利安全生产工作动态和信息，及时、科学、有效地处置突发情况（图 10.8）。城乡供水主管部门督促各供水单位全面强化安全生产监督检查，加大隐患排查治理工作力度；加强重点部位、重点环节和重点项目及水利企业的监督检查力度，列出问题隐患清单，制定具有针对性、科学性及可操作性的整改措施。

图 10.8　盐酸泄漏应急演练

3. 积极应对极端旱情发展，确保特殊时期供水安全

为积极应对近年来因极端气候造成宁夏干旱频发的现象，有效降低损失，及时消除旱情对人民群众生活生产造成的不利影响，各供水单位和供水企业全面动员部署，全力保障城乡居民生活用水和产业发展用水。固原市充分发挥骨干供水工程"主动脉"作用，增强供水调配能力，坚持"先生活、后生产"的原则，优化水资源配置，合理压减部分农业用水和工业生产用水，严格控制高耗水行业用水，确保城乡居民生活用水；指导县（区）制定完善城乡供水应急保障方案，及时组建落实应急队伍、储备充足应急物资，对受旱地区通过采取供水工程满负荷运行、水源备用、水量调度、错峰供水、分区供水、设立应急供水点、拉水补水等措施，强化供水应急保障；强化水源地、

取水口、水厂和输配水管网安全巡查巡检，深入排查城乡供水可能存在的风险隐患，认真做好水源保护、水质净化消毒和水质检测监测等工作，确保工程安全、水质安全、供水安全；组织各县（区）集中开展饮水安全问题排查整治，建立问题清单、整改台账和及时销号制度，做到供水问题应查尽查、应治尽治，保持动态清零。

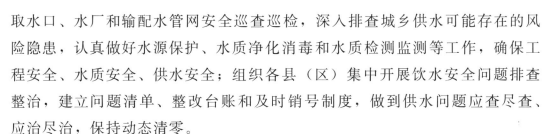

10.2 优化营商环境激发市场活力

10.2.1 培育壮大城乡供水市场

1. 依托自治区城乡供水管理服务平台，培育升级数字供水和供水数字产业

《宁夏"互联网＋城乡供水"示范省（区）建设实施方案（2021年—2025年）》提出：优化升级自治区城乡供水管理服务平台，培育升级数字供水、供水数字两大产业，引进优质资源，推动生态聚集，鼓励双创孵化，培育"互联网＋城乡供水"产业新业态。其中，在培育升级城乡供水产业方面提出了三大任务：一是优化升级数字供水产业，多元引入区内外优质企业，整合城乡水务资产，将水务产业培育成区域乃至全区特色产业；二是大力发展供水数字总部经济，建立立足宁夏、辐射西北、面向全国的城乡供水云计算和大数据产业园，打造西部地区具有重要影响力的供水数字产业集聚区；三是实施供水企业数字化升级。

2. 积极运用"互联网＋"思维和技术，推动数字治水产业集群式发展

宁夏积极运用"互联网＋"技术，培育壮大各类市场主体。按照"研究院＋试验区＋产业园"三位一体的数字治水科创模式，宁夏水利厅、银川市、清华大学致力于发挥宁夏水治理先行先试的实践优势、银川市创业创新的平台优势和清华大学综合学科的研究优势，顺应数字化智慧水利发展趋势，运用水联网理论和技术体系，努力探索数字化条件下治水新途径，积极开展产业育新工作。依托宁夏数字治水产业园，协作开展产业模式选定、龙头企业确定、数字企业评价等工作，遴选引进国内外具备条件的数字治水高新企业，转化清华大学水联网核心技术及模式，实施区内各级供水企业数字化升级，带动供水数字智能制造产业发展，实现城乡供水专业

化、市场化、数字化。

全国首个校地三方数字治水创新联合体
"清华大学—宁夏银川水联网数字治水联合研究院"

2019 年 7 月 5 日，由宁夏水利厅、银川市人民政府与清华大学联合组建的数字治水创新联合体"清华大学—宁夏银川水联网数字治水联合研究院"正式挂牌成立。

联合研究院将利用清华大学水联网理念及数字治水先进成果，充分发挥宁夏现代水治理行业和银川市创业创新政策优势，在水治理技术研发、建设现代水利综合试验区、协同打造数字水产业园等三个方面开展深化合作。联合研究院作为数字水产业创新平台，主要承担数字治水科研、规划、标准、咨询职能，系统提供治水科技成果孵化服务，引导企业参与技术研发、专利申报、授权生产以及应用集成，为数字治水提供技术支持。

联合研究院以沿黄生态经济带为重点辐射全宁夏，建立数字水产业"试验田"，集成试验数字治水技术和范式，组合适配现代治水体制机制，开展成功试验成果鉴定，探索可复制可推广的现代治水先进技术、产品和模式。

联合研究院借助银川市中关村双创园已有的创新发展资源，采取"互联网＋产业园"方式，实行"技术、资本、市场"融合推进路线，培育高科技治水数字化产品公司和高端水治理数字化服务平台，打造水主题高科技示范产业园区。三方将发挥各自优势，形成合力同步推进"研究院＋试验区＋产业园"三位一体建设，共同打造数字治水技术和产业高地。

宁夏水利厅将发挥政策优势，大力支持银川市水利现代化建设，加大银川市水资源、水生态、水环境、水灾害统筹治理投资；在数字化企业入园、企业孵化等方面给予银川市优先支持，支持开展水联网数字治水试点。

银川市将发挥资源优势，为开展水联网数字治水试验示范和数字化创新提供优惠政策和实验场地，并提供资金支持，重点用于研究院开展宁夏水联网数字治水关键技术、模式、理论、标准制定等研究。

清华大学将发挥人才、科技聚集优势，提供水联网数字治水研究团队，培养专业技术和管理人才，为数字治水提供智力和技术支持；为银川数字治水产业园发展、创新"互联网＋产业园"方式、培育高科技治水数字化产业公司和高端水治理数字化服务平台、打造全国绿色高科技水主题示范产业园区提供技术支持和咨询服务。

10.2.2 强化科创咨询服务支撑

推进专业咨询服务队伍建设，为全区城乡供水提供科创服务。宁夏水利水电咨询公司结合"放、管、服"形势，探索形成了基于宁夏智慧水利"云网端台"的数字化咨询专家队伍，为全区城乡供水规划、可研、初设等提供了专业咨询服务。在政府特许经营许可方面，与国家开发银行、北京大岳咨询有限责任公司、中投咨询有限公司等机构紧密合作，协同参与各县（区）有关项目技术咨询和技术方案编制，为各县（区）项目实施决策提供了技术支撑。清华大学—宁夏银川水联网数字治水联合研究院、启迪水联网专注"互联网＋城乡供水"集成成套技术推广，为全区城乡供水提供了科创服务。

10.2.3 发挥国有企业引领作用

宁夏水务投资集团有限公司作为宁夏水利领域骨干国有企业，通过优化配置，不断改善民生用水品质，在原水、制水、供水、污水处理、再生水利用等产业链条上不断提升效率。

宁夏水务投资集团在全区多个市、县（区）持续推进城乡供水一体化改革，通过对当地水资源进行统一调度、高效配置，提高了水资源利用效率，有效缓解了城市居民生产生活用水紧张状况，提升了水质，为区域生产生活、生态保护、工业产业布局、特色农业及区域经济发展提供了有力的水务支撑。

2020 年 5 月，宁夏水务投资集团与西吉县政府签订协议，约定西吉县已建、在建、新建城乡供水工程交由宁夏水投集团运营管理，推行"两部"制水价，集镇非居民生活用水参照县城非居民生活用水规定收缴水费（不含污水处理费）。水务一体化扩大到 285 个村，受益人口达 30 多万。

宁夏水投集团不断深化在供水安全保障、污水达标排放、生态环境综合治理等方面的务实合作，规范管理，提高供水保证率，降低漏损率，提升经济效益，让群众喝上安全水、放心水、干净水，为巩固拓展脱贫攻坚成果和服务乡村振兴战略做出贡献。

10.3 ▶ 提高服务品质提升人民群众满意度

瞄准龙头水达标，保证水量足、水压稳、水质好，让人民满意是城乡供水行业永恒不变的发展目标，宁夏按照"高效、优质、公开"的原则，遵循"方便群众、加强值守、提升质效"的要求，扎实推进网上营业厅、应急中心和数字运维队伍建设，实现线上服务"一屏通办"，线下运维"一网统管"，为城乡群众提供高质量的水利公共服务产品。

10.3.1　供水精准服务提升群众幸福感获得感

让群众喝上安全、稳定、达标的自来水，让人民有获得感、幸福感、安全感是推进"互联网＋城乡供水"建设的关键。宁夏"互联网＋城乡供水"回应了群众对饮水用水的关切需求，让农村居民与县城居民一道喝上了干净、放心的自来水，赢得了广大群众的褒扬和拥护（图 10.9、图 10.10）。

宁夏借助微信公众服务平台和政务服务平台，设立城乡供水服务网上营业厅，用户登陆客户端自助办理缴费、报修、查询、投诉、建议等业务，让城乡居民安心吃上"放心水"、方便缴纳"明白费"，省钱、省事，政府放心、群众满意。按政务公开便民服务规定，建设推广网上供水营业厅，面向政府、企业、社会公众设立从供水政策到服务全过程服务窗口，公开城乡供水水质、水价、缴费、水源保护等信息，实现信息共享、管理高效、服务便捷。

图 10.9 宁夏中南部城乡饮水安全总管工程通水

图 10.10 群众高兴地用上了幸福水

> ## "放、管、服"改革链接
>
> 2015 年 5 月 12 日，国务院召开全国推进简政放权放管结合职能转变工作电视电话会议，首次提出了"放、管、服"改革的概念。"放、管、服"就是简政放权、放管结合、优化服务的简称。"放"即简政放权，降低准入门槛。"管"即创新监管，促进公平竞争。"服"即高效服务，营造便利环境。
>
> "放、管、服"改革，对内要改革传统的行政管理体制，提升政府治理体系的现代化水平，对外要提升行政便利化水平，使之更加适应社会主义市场经济发展要求。
>
> "互联网＋城乡供水"是"放、管、服"改革的典型实践，按照中央保障水安全"两手发力"要求，坚持以实现城乡居民供水服务均等化为中心，主动转变政府职能，实施数字化改革，通过特许经营实现政府与社会资本合作，推动城乡供水发展质量变革、效率变革、动力变革，达到供水安全政府监管、产业企业运营、服务人民共享，让广大城乡群众获得高效公平可及的优质公共服务。
>
> 无论是"放、管、服"改革还是数字政府建设，无论是线下改革还是线上改革，其初衷与落脚点都是坚持以人民为中心，推动职能转变、创新服务方式、提高服务效能，提供公平可及、优质高效的政务服务，有效激发市场活力，切实为企业发展和群众办事增加便利。

10.3.2　数字运营服务让群众饮水更有保障

运用互联网、物联网等新技术，让信息化与工程深度融合，对流量、水位、压力、水质等各类运行信息实时采集、传递、分析、处理，将各个节点的数据汇集到智能管理平台，工作人员通过电脑、手机即可随时随地进行远程监测、调度，达到多级泵站和蓄水池智能联调、水质在线监测、跑冒滴漏等事故精准判断和及时准确处置，实现从水源到水龙头全链条全区域自动运行、精准管理、优质服务（图 10.11）。

图 10.11 隆德县沙塘农村饮水监控系统

宁夏西吉县巩固供水成果 助力乡村振兴
（来源：水利部官网"农村饮水安全红榜"2022-03-17）

固原市西吉县地处宁夏中南部干旱片带，年均降水量 420mm 左右，水资源十分匮乏，历史上农村人畜饮水困难问题突出，群众靠"人担畜驮"取用沟道泉水或修建土窖收集雨水，有的偏远山村还要靠远距离买水拉水来维持生活，群众为吃水受尽了千辛万苦。

进入 21 世纪，西吉县依托当地仅有的水资源，大力兴建供水工程、泉水改造和集雨工程，有效缓解了农村饮水困难。但由于水资源供给能力不足，供水保证率低，农村饮水安全问题始终没有得到彻底解决。

"十三五"期间，宁夏中南部城乡饮水安全项目西吉县受水区连通和配水工程的建成，成功引入泾河水源，从根本上解决了资源性和水质性缺水问题，确保了全县城乡供水水量稳定和水质安全。同时，西吉县不断探索创新管理体制，加强水质检测，强化工程运行管护，保障供水稳定。全县农村自来水普及率达到 99%。

西吉县在推进城乡供水一体化建设过程中采取了以下办法：

（1）坚持跨区域调配水源，夯实农村供水保障基础。西吉县依托宁夏中南部城乡饮水安全水源工程，于 2016 年建成了县城应急供水工程，年引水规模 1590 万 m³，保证了城乡饮水水量和水质，解决了县城 10 万居民的供水水量不足问题。"十三五"期间，西吉县按照葫芦河中下游、固西、西部、西北部等 4 个片区统筹布局，同步推进农村配水和自来水入户工程建设，累计投资 3.4 亿元，组织实施了 11 项农村饮水安全巩固提升工程，打通了农村供水"最后一百米"。当地水源全部置换为泾河源头好水，工程年引水量 970 万 m³，全县 7.4 万户用上自来水，实现了城乡供水"同源、同网、同质、同价、同服务"。稳定的水源保障，从根本上解决了当地 46.28 万城乡居民的饮水困难问题，全县农村居民彻底告别"望天水"和"苦咸水"，吃上了方便安全的"放心水"，经历了从喝水难到喝好水的历史性跨越。

（2）坚持全面组织动员，汇聚农村供水发展合力。西吉县委、县政府连续多年把城乡饮水安全工作列为全县优先解决的重点民生实事，强化组织领导，专题研究部署，积极争取投资，动员全县力量，以强有力的措施保障工作顺利推进。全县水利干部职工与相关部门和乡镇协同配合、各司其职，克服了供水管线长、地质条件复杂、征地搬迁面广等重重困难，完成了宁夏中南部城乡饮水安全工程西吉受水区建设任务，建成了河圪水厂及管网连通和配水工程，成功引进泾河水源。随后又陆续建成 11 项农村饮水安全巩固提升工程，完成水源置换和水厂、泵站及蓄水池配套工程。全县广大群众自筹劳力，踊跃参与，配合开展入户工程施工。泾河水源翻山越岭，最终流入千家万户，助力乡村振兴。

（3）坚持完善运管机制，促进供水工程长效运行。为管理好、运行好城乡供水这一重大民生工程，西吉县委、县政府与工程建设同步谋划建立长效管护机制，制定出台了《西吉县农村饮水安全工程运行管理办法》，建立并落实"县水利部门＋乡镇水利工作站＋村级水管员＋农户"四级供水运行管护机制，合理确定供水水价，落实财政补贴，强化水费收缴管理，保障了工程正常运行和稳定供水。

2020 年，西吉县贯彻落实新时代数字治水的改革发展思路，按照宁夏水利"十四五"城乡供水规划和宁夏"互联网＋城乡供水"示范省（区）建设先行先试的总体部署，全面启动"互联网＋城乡供水"项目实施。县政府成立专项工作领导小组，研究确定采取特许经营模式组织项目建设和工程运行管理，组织完成了项目可行性研究报告、"两评一案"编制及评审工作，通过公开招投标确定了项目实施主体。经过充分的前期工作准备，该项目于 2021 年 10 月正式开工建设，计划于 2022 年 6 月底前全面完成建设任务。通过构建城乡一体的供水工程网、信息网、服务网"三张网"，实现城乡供水运营服务一体化，切实为城乡居民提供优质、持续、高效、安全的供水服务。

（4）多渠道筹措水价补贴资金，为农村供水提供有力支撑。宁夏中南部城乡饮水安全水源工程建成后，宁夏发改委牵头对水源工程水价进行了测算，确定该水源工程水价为 4.05 元/m³。宁夏人民政府对原水价格实行财政补贴政策，补贴标准为 1.75 元/m³，由宁夏和工程覆盖县（区）财政按照 1∶1 的比例筹措解决，补贴时限为 2018—2023 年。截至 2021 年年底，政府财政累计拨付水价补贴已超过 5500 万元，有力支撑了民生工程效益的正常发挥。

10.3.3 拓展关联服务确保供水安全

各管理主体负责组织制定应急预案，建立 24 小时值守响应机制，实施应急处置、维修报修、服务监督等规范化服务，高效处置供水一般事件，有效处置供水突发事故，保障公众生命财产安全。按照高效经济原则，优化组建自治区、市、县（区）三级供水应急中心，全区统一标准、规范管理，及时处置供水突发事件，及时接收、处理和反馈供水问题，切实保障供水安全。

从"人挑驴驮"到"智慧水利"——彭阳：用水实现历史跨越

（来源：宁夏日报　2021-02-23）

　　往昔用水难。彭阳县曾是全国最贫困和不发达的地区之一，属六盘山集中连片特困片区，山大沟深、沟壑纵横，群众居住分散，水资源十分短缺，常年干旱少雨，人均水资源占有量不足全国的六分之一，"十年九旱，三年两头旱"是当地群众生存环境的真实写照，水资源长期严重匮乏，严重影响了当地群众的生产生活。

　　雨水充沛时，窖存的雨水可以维持生活；一旦遭遇旱情，村民吃水就更加困难。彭阳县北部乡镇常年干旱少雨，吃水难一直是群众面临的一大难题。

　　清流进万家。为了解决吃水难题，彭阳自建县以来，一任接着一任干，一张蓝图绘到底，投入大量的财力、物力，实施生命工程、农村饮水解困工程、农村饮水安全工程等。

　　20世纪初，彭阳县先后建成水源工程46处、分散工程55处，通过实施自来水入户工程、农村饮水安全工程，历史性地实现了饮水安全工程全覆盖，农村有了自来水。由于彭阳县水资源匮乏，当地群众生活、生产和生态用水没有可靠稳定的水源保证，自来水时断时续。

　　2012年，随着宁夏中南部城乡饮水安全工程开工建设，给彭阳县彻底解决人畜安全饮水带来了希望。彭阳县作为宁夏中南部城乡饮水安全工程受水区，按照饮水安全工程边干边运行的原则，在2013年连通工程正式试水后，积极投资建设连通配套工程，将部分极度缺水乡镇的自来水管与连通工程接通，先行供水。

　　2016年10月8日，宁夏历史上投资规模最大、受益人口最多的宁夏中南部城乡饮水安全工程全面通水。一股股清流从六盘山腹地老龙潭出发，穿山越岭进入中庄水库。

　　此时，彭阳县的连通工程已建成，与早期建成的城乡供水管网、农村饮水安全工程连通，用中庄水库的水替代原来的水源。清澈甘甜的泾河水沿着自来水管流入千家万户，困扰当地群众的吃水问题得以彻底解决。

吃上"放心水"。"把分散各地的 46 处水源工程全部更换为中南部城乡饮水安全工程，形成一个大水源。"彭阳县水务局副局长张志科介绍，中南部饮水安全工程正式通水后，彭阳县把全县划分为 3 个供水片区，通过 2 座水厂输出，形成城乡一体化供水体系，为城乡居民饮水安全提供系统保障。

"自来水通到家，村民饮水安全有了保障，还可用自来水喂养牲畜，比过去省时、省力，村民可以腾出更多的精力发展产业。"马守录说，罗山村常住人口 64 户 267 人，饮水有了保障后，养殖产业迅速发展起来，现在全村养牛 200 多头，户均养牛 3 头以上，实现了脱贫摘帽。

目前，彭阳县形成了以"宁夏中南部城乡饮水彭阳县北部片区和中南部片区连通工程"为骨架，"东部饮水、中部饮水和红河川饮水"工程为支架，覆盖全县 12 个乡镇 156 个行政村的供水管网体系，农村饮水安全覆盖率达到 100%、水质达标率 100%、供水保证率 96%、自来水普及率 99.8%，全县农村 19 万人饮水安全有了保障。

用水更安全。"罗山蓄水池周边装有摄像头，全天候监视水池及周边情况。"值班员马玉军说。"从引水源头到供水终端，全程电脑控制。"张志科介绍，高科技技术的运用，为保障安全饮水工程正常运行提供技术支撑，确保每一滴水都是安全的。

2017 年，彭阳县围绕降低管理成本、提高运行效率、升级供水服务等问题，高起点做好顶层设计，邀请专业规划设计团队研究编制彭阳县"互联网＋城乡供水"实施方案，打造农村供水升级版。

同时，引入"互联网＋"行动和专业化服务，采取"工程提升＋管理改革＋数字赋能"的模式，运用物联网技术和信息化手段，实施"互联网＋城乡供水"，对全县供水管网智能化改造，高标准补齐城乡供水管理服务短板。

"利用互联网、物联网技术，引入自动化监测控制设施，彭阳建成集调度、运行、监控、维养、缴费、应急于一体的供水管理服务数字化平台，对工程供水量、供水用户、设备状态等信息实时自动采集、传递、分析和处理。实现了多级泵站和蓄水池智能联调、水质在线监测、事故精准判断和及时处置。"张志科说，运用高科技打造现代供水管理服务模式，保证人饮安全。

跨入智慧水利时代。

彭阳按照"让数据多跑路，让群众少跑腿"的便民服务理念，改变传统下井抄表、上门收费的水费收缴方式，开通"彭阳智慧人饮"微信公众号，群众通过手机微信缴费购水、查看用水信息、申请停用水，实现了供水管理服务"掌上控制"，真正让群众吃上了"明白水、安全水、放心水"。

在农村供水调度中心，工作人员通过总调度屏幕、智能水表，可实时调水，查看供水、缴费情况。彭阳县依托宁夏"水利云"和"水慧通"公共平台，运用水联网理论技术，建成流量、水位、压力、水质等数据信息采集点 3.94 万处，对全县超过 2500km 的自来水管网、45 座泵站、92 座蓄水池、7466 座联户表井、4.3 万块智能水表实行 24 小时精准管控。

现在，彭阳已实现电脑、手机等远程供水监测、报警控制及智能化管理。利用泵站水泵自动化启停控制、流量越限报警及停泵保护等自动保护技术，实现了泵站无人值守、远程控制、自动运行，中部饮水 4 座串联泵站实现了联合自动调度。利用泵站运行监测、视频监控、干支管网流量压力监测报警、用水户水量告知，保证了水泵、电机、管网安全经济运行及用水精准计量，实现从传统水利向智慧水利转型，走出了一条新时代农村高质量供水的路子。

信息化提升效能。彭阳县引入"互联网＋人饮"信息化管理后，全县农村饮水安全工程减少了运行维护人员、降低了运行成本、提高了供水保证率和工程故障排除效率。"工作人员使用移动终端即可进行远程监控、运行调度和事故控制，工程事故率下降了 30％，管网漏失率由 35％降到 12％，年节水约 30 万 m^3，相当于全县农村生活用水总量的 13％。"彭阳县水务局副局长常富礼说，原来人工管理供水工程，通常白天启停水泵进行供水，而自动化控制设备不受人工操作限制，且根据水量适时供水、定时上水。

据统计，供水实现自动化控制后，彭阳县农村饮水管理人员从 90 人减少到 40 人，供水保证率提高到 96％，年节约运维成本 150 余万元。"在保证供水的情况下，避免在用电高峰时供水，用电成本从 52.8 万元降到 44.9 万元，降低了 15％。同时避免多次、频繁启动水泵，提高水泵使用寿命。"常富礼用数字进一步说明效能提升后的改变。

通过自动化监控设施以及信息化管理手段，各级泵站、蓄水池实现了自动化运行，工程供水量、供水人口、供水保证率、工程类型监控等各类信息实时传递、分析，数据更准确、全面，管理更科学、高效。

"信息化建设使农村人饮工程故障排除效率提高了 70％，年维修费用从 490 万元减少到 260 万元。"常富礼感慨地说。

城乡供水一体化。"组建成立县水务投融资平台，通过争取政策性贷款、中央预算内资金，统筹整合财政涉农资金、地方债券、群众自筹等多种渠道筹措资金，保障工程建设。"张志科说，平台完善了，供水采用了设计、施工、运维总承包的模式，由专业公司承担农村饮水安全巩固提升工程 3 年建设、12 年运维服务，确保从设计、施工到运维的无缝衔接，有效提升建设和管理综合效能。

为确保城乡供水水质达标、不出问题，政府和企业共同出资组建彭阳县城乡供水管理有限公司，企业承担全县供水工程的日常运行、水质监测和维修养护管理，建立水质监测中心，落实从水源到水龙头的常规 36 项、日检 9 项检测制度。

彭阳县采取政府购买服务的方式确保供水专业高效运行，服务期内政府对城乡水价进行统筹和补贴，实行城乡供水一个系统一个标准，全县城乡终端水价统一调整为 2.6 元/t。至此，彭阳县城乡居民喝上了"同源、同网、同质、同价、同服务"的自来水。

第 11 章

水润农家共同富裕

关心水，就是关心生命。供水安全越有保障，共同富裕之路才能越走越宽。宁夏深入践行"绿水青山就是金山银山"的生态理念，持续推进"互联网＋城乡供水"，加快推进城乡供水一体化，不断提升供水治理效能，有力带动乡村振兴，为实现全体人民共同富裕和社会主义现代化注入"水力量"，描绘出"康有所饮"的人民幸福美好画卷。

11.1 实现康有所饮

11.1.1 自来水全员覆盖

"互联网＋城乡供水"以县域为单元，采取"延伸、联网、整合、提标"等方式，着力打通城乡供水"最后一百米"。自来水流进农家院，满足群众饮水、改厕、洗涤、第二、第三产业发展等需求，"毛驴拉水""用碗洗脸"成为历史，百姓精神面貌焕然一新，获得感、幸福感和安全感显著提升（图11.1）。六盘山集中连片贫困区113万贫困群众千百年来吃沟道水、地下水、苦咸水的历史已经成为过去。2020年，宁夏城乡自来水普及率已达96%，城乡集中供水率高达 98.5％，超过全国平均水平，老百姓不再为喝水发愁。

（a）过去，长途跋涉挑水吃　　　　　　（b）现在，龙头拧开有水吃

图 11.1　群众饮水的历史性对比

彭阳县自实施"互联网＋城乡供水"项目以来，全县饮水安全覆盖率由 80％提高到 100％，自来水普及率由 60％提高到 99.8％，供水保证率由 65％提高到 95％，水质达标率由 80％提高到 100％，水费收缴率由 60％提高到 99％。公开透明的水价、方便快捷的缴费，群众直观清楚地缴费用水，有效激发了群众的节水意识。

2020 年海原县退出贫困县序列时，自来水入户 76118 户，集中供水率 99.6％、自来水普及率 99％、水质达标率 100％、供水保证率 90％以上。地处宁夏中部干旱带的盐池县大力实施城乡饮水安全巩固提升和分户改造工程以来，全县城乡饮水安全覆盖率、水质达标率、供水保证率、自来水普及率均达 100％。

11.1.2　满意度明显提升

根据水利部 12314 监督举报服务平台反映，近年来宁夏城乡供水投诉量逐年大幅下降，显示出群众对宁夏城乡供水工作的高度认可。同时，各级政府与相关部门积极运用传统媒体和新媒体，采取线上线下相结合的方式，多方位、多层次、多角度宣传宁夏"互联网＋城乡供水"示范区建设的创新举措和突出成效，让普通群众认识、了解、关心、关爱城乡供水，营造了良好的社会舆论氛围，获得了群众的高度拥护（图 11.2）。2019 年 9 月，时任彭阳县委书记赵晓东曾表示，"互联网＋城乡供水"让群众享受到了充足的优质水，赢得了人民群众的真正满意。

图 11.2　线上线下同步提供业务

11.1.3　用水体验愈加幸福

依托宁夏政务云及其专题水利云，坚持"一体建设、云端部署、分级使

图 11.3　"互联网＋城乡供水"
让群众少跑腿、数据多跑路

用"，贯通自治区、市、县（区）三级，集四大管理系统、29 个功能模块于一体的宁夏"互联网＋城乡供水"管理服务平台建成并投入运行，网上营业厅、应急中心集成搭载，与自治区网上政务服务端"我的宁夏"ΛPP 融合对接，实现了"群众少跑腿、数据多跑路"，广大城乡居民的用水服务体验越来越幸福（图 11.3）。

11.2　提升治理效能

11.2.1　工程得到了高效精准管护

宁夏"互联网＋城乡供水"建设了自治区统一的管理服务平台，大幅度提升了城乡供水治理效能，通过提供网上缴费、在线报装、实时查询、用水反馈的掌上便捷化服务，让用户喝上"明白水、放心水"。同时，宁夏还开发了"互联网＋城乡供水"移动端 APP，实现城乡供水巡检、维修、养护任务的网上操作，提高了管理效率，降低了运维成本，企业运营效率和效益明显改观。

11.2.2　打通了供水服务"最后一百米"

传统城乡供水工程往往点多面广，管道多要穿山跨沟，损耗大、维护成本高，"跑冒滴漏"现象时有发生，导致了管理成本高、水价高，群众满意度低、缴费率低，城乡居民供水服务卡在"最后一百米"。

"有次一户家里水管爆裂，等到发现，把房子都淹塌了。"当了 13 年的管水员，彭阳县马志有的记忆里，类似爆管、漫水的事情时有发生。曾经，马志有的手机里，闹钟都要定好几个，提醒自己去泵站手工关闸。即便骑着摩托车翻山越岭来回排查，小股漏水还是不易被发现。管道出了问题，检修要停水，老百姓喝水不方便。"家家都有大桶，得存着水。"马志有说。自来水入了户，但供水可靠度低，群众不满意，随之而来的，水费收缴难。

2016 年，宁夏中南部城乡饮水安全工程建成，彭阳县的干支管线从3000km 延长到 7109km。但县里运用"互联网＋"新技术，信息化与工程融合，对流量、水位、压力、水质等指标实时采集、分析和处理，工作人员通过管理平台随时随地远程监测、智能联调、精准判断和及时处置，实现了从水源到水龙头全链条全区域自动运行、精准管理。

11.2.3　实现了"节水、降本、增效"

根据彭阳县"互联网＋城乡供水"运营测算，供水工程减少了运行维护人员，降低了运行成本，提高了供水保证率（图 11.4）。

一是节省人力，从人工供水管理下的白天供水，转变为 7×24 小时的自动控制；二是降低成本，从用电高峰时段启泵供水，转变为峰谷时启泵蓄满，同时减少频繁启动水泵，延长水泵寿命，有效降低成本；三是管理高效，实现了各级泵站和蓄水池的全程监控和自动调度，实时准确的分析，使决策更加科学准确，为高效管理提供了可靠的技术支撑；四是服务便捷，"彭阳智慧人饮"微信公众号，群众可通过手机微信即可扫码缴费、查看用水信息、申请停用水，改变以往供水单位下井抄表、上门收费的传统模式，有效解决了水费收缴难题。

图 11.4　"互联网＋城乡供水"数字运维

11.3　助力乡村振兴

11.3.1　支撑了农民脱贫致富

宁夏实施"互联网＋城乡供水"，有力促进了富民产业的快速发展，带动和促进了贫困地区脱贫攻坚和乡村振兴。自来水的进村入户，不仅解决了群众的吃水问题，还有力促进了家庭家禽畜牧养殖、庭院经济、特色种植等富民产业的快速发展，为群众稳定可持续脱贫提供了基础保障（图 11.5）。

彭阳县城阳乡韩寨村村民韩飞虎抓住县水利部门推进"互联网＋城乡供水"机遇，充分利用房前屋后等空地种植核桃、红梅杏、梨、苹果等经果树，充足的水源保证了果树产量，家庭收入明显增加。此外他还

图 11.5 现代化的供水厂为乡村特色经济发展提供了支撑

成立乾坤经果林家庭林场，采取"党支部＋林场＋农户"模式逐步实施规模化，吸引附近农户通过土地入股的方式成为股东，为种植户提供技术指导、统一组织收购、销售农产品，带动群众大力发展庭院经济，一起走向致富。

西吉县硝河乡将建设"美丽庭院"与"互联网＋城乡供水"、农村人居环境整治等工作相结合，为乡村振兴助力增色。吴忠市红寺堡区围绕乡村林果化、人居环境整治、生态廊道建设等工作，着力打造 24 个绿化美化示范村，完成村庄房前屋后、农户庭院、空宅荒园等适宜绿化的区域造林及庭院经济林种植 0.45 万亩，使村庄绿化率达到 30％。同心县下马关、韦州、河西、王团等乡镇 20 个生态移民村将农户房前屋后的土地充分利用起来发展庭院经济，由县政府统一采购苗木分发农户种植，发展苹果、梨、葡萄等 3000 亩，不仅提高了农户收益，还美化了居住环境。"互联网＋城乡供水"也为乡村探索发展新业态，促进农民就业增收奠定了基础。

红寺堡区柳泉乡永新村主要是海原、西吉的移民，近年来凭借红寺堡大力推进农村供水设施建设完善，有效支撑了永新村其罗山景区、肖家窑万亩葡萄基地、孙家滩现代设施农业园区的发展，保障了全国青少年航空航天模型赛事正常举办（图 11.6）。同时，采取"民宿旅游＋餐饮住宿＋果树认养＋土特产销售"的模式，住宿餐饮、生活体验和特产带货"一站式"服务。民宿旅游示范户由最初的 2 户发展到 60 户，每年可接待游客达 1 万人次，户均年收入超过 3 万元。

泾源县泾河源镇冶家村依托优质供水拓展乡村旅游体验，助力农家乐美

图 11.6　红寺堡区农村供水设施

化、绿化，推动乡村旅游产业提档升级。截至 2021 年年底，全村共建成农家乐 135 家，其中三星级以上农家乐 33 家，带动就业 1200 余人，旅游经济收入占全村总收入的 80% 以上，人均年收入达到 13380 元。冶家村从"农民穷、产业弱、环境差"的落后村，转变为"百姓富、产业兴、生态美"的先进村（图 11.7）。

图 11.7　泾源县冶家村全貌和农村供水

宁夏中宁县喊叫水人饮工程让群众喝上了放心水

（来源：中国水利网站 2019-08-15）

"以前自来水没有进户的时候，我们要从窖里取水，遇上天旱的时候，我们得从马塘干渠去挑水，用水确实很困难，现在自来水入户了，比以前方便多了。"日前，记者来到宁夏回族自治区中宁县喊叫水乡下庄子村采访村民马学锋说。

下庄子村是中宁县喊叫水乡的一个行政村，地处宁夏中部干旱带，共有195户950多常住人口。以前，村民喝的是雨水沉积的窖水，今年实施的农村人饮巩固提升工程，让这里的群众喝上更加方便、安全的自来水。

下庄子村是喊叫水乡实施的农村饮水安全巩固提升工程的一个缩影。今年，中宁县筹资598.75万元，在喊叫水乡实施了农村饮水安全巩固提升工程，通过铺设管道112.67km，新建阀井381座，维修阀井56座，铺设顶管1290m，砌筑过沟防护140m，安装集水平台及配套实施13套，解决了1690户群众自来水入户难题。

据中宁县水务局水利规划建设管理中心主任郭吉华介绍，过去，由于原建人饮工程标准低，供水管道冻裂、损坏严重，自来水入户率低，加之近年来危房改造、农村环境整治等影响，原有人饮工程存在水源井水量、水质无法保障项目区正常供水需求，吃水问题成为喊叫水乡四千来户村民的大难题。

作为中宁县重点扶贫项目之一的喊叫水乡农村人饮巩固提升工程，于今年5月下旬开工建设，7月底已全面完工。该项工程彻底解决了群众吃水难的问题，也彻底改变了喊叫水乡长期缺水的局面，最大限度改善了当地群众的生产和生活条件。如今，全乡4312户都已接通了自来水，1.5万余人喝上了安全干净的自来水。

喊叫水人不再"喊"水

（来源：环京津新闻网　2019－09－7）

再过几天，硒砂瓜就要上市，中宁县喊叫水乡喊叫水村的张平科夫妇很忙。抽水、施肥、滴灌……担心60亩硒砂瓜缺水，每天早晨6时许，张平科夫妇便驾车赶往瓜地。

"硒砂瓜已经进入膨瓜期，只要呵护得当，水分充足，每个瓜每天能长一斤左右。"为方便补水，张平科将农用车改装成了灌水车。一亩地至少需要补水 $8m^3$，每次满载也就 $30m^3$，为了能用三四天将瓜田全部补完水，张平科每天至少要驾车往返4趟。

取水处距离村子不远，由泉水汇聚而成。"如今，泉水用来给硒砂瓜补水。过去，泉水可是救命水！"张平科说。"打我记事起，这眼泉就存在。"张平科说，这处泉水曾是村里人的饮用水水源地。前几年，村里通了自来水后，这泉便被废弃。近几年，因为种瓜需要，这眼泉又成了大家临时为瓜补水的水源地。

据说，这个乡镇和村子的名字也和这泉有关。关于喊叫水，有一个古老的传说。当年穆桂英镇守三关，抗击辽邦入侵。一年夏天，骄阳似火，酷暑难当。穆桂英率领将士一路追击贼寇到现同心县西北之地。此时，人无粮、马无草，饥渴难耐。眼看着士兵一个个支持不住，东倒西歪地趴在地上喊"水呀水呀水呀……"喊着喊着，沙滩上竟现出一块绿地，绿地上慢慢渗出水来。战马嗅到水味，跑到跟前用蹄子刨土，将士们也赶忙跑到跟前，七手八脚掏了一个3尺深的坑，只见一股泉水从坑里流出。将士们美美地喝了一顿，顿时浑身凉爽。自此，这地方就叫"喊叫水"了。

喊叫水乡地处我区中部干旱带，缺水少雨，发展产业极为困难。当地曾有"天旱窖枯水断流，麻雀渴得喝柴油"的说法。干渴与贫困如影随形，很多村民背井离乡。如今，已嫁到喊叫水乡24年的黄玉芳仍对自己刚嫁来时的情况记忆犹新，婚后每天早晨第一件事，就是到泉眼挑水。"泉水原本是甜的，但附近的土地盐碱化加重后，水就变成了咸水。"黄玉芳说。

2004 年，黄河水通过宁夏固海扩灌扬水工程，由人工水渠和多级泵站层层提升，流入喊叫水乡的土地，缓解了用水难题。曾经外出谋生的村民纷纷返乡，在政府指导下种植硒砂瓜，发展养殖业。为进一步保障当地人民用水，2017 年 3 月，宁夏中部干旱带西部供水中宁县喊叫水片区工程开工建设。该工程有效解决了喊叫水乡、徐套乡 3.5 万人饮水和 25 万亩农田的灌溉难题。

有了水，喊叫水乡加快产业结构调整步伐，大力发展特色种植产业，为全面打赢脱贫攻坚战注入活力。近年来，喊叫水乡不断巩固硒砂瓜、牛羊养殖、特色节水作物种植基础，硒砂瓜、枸杞、红葱、小杂粮、色素辣椒、洋葱等特色产业成效明显。"现如今，村上家家都种上了硒砂瓜，家家都有农用车，在银川市、中卫市、中宁县城买房的村户超过 30%。"张平科说，去年，他也在银川中海国际为儿子买了一套 95 m^2 的房，首付交了 30 万元。三代人都靠政府救济度日的陈小琦一家，种瓜赚钱后，现今不再靠政府救济，还盖了新房，买了 2 辆农用车。

县扶贫办叶主任介绍，喊叫水乡引进甘肃佛慈有限责任公司在当地马塘村投资建设了万亩色素辣椒和洋葱种植基地项目，流转土地 1.1 万亩，产业辐射千家万户。马塘村南沙窝地处灌区，有着肥沃的土壤，为色素辣椒和洋葱的栽植和生长创造了有利条件。目前，喊叫水乡已完成种植色素辣椒 4220 亩、葵花 2100 亩、洋葱 350 亩、红葱 1100 亩。特别是万亩色素辣椒种植基地的建成，在土地流转、种植、田间护理、收获等环节累计用工达 3.5 万人次，户均增收 3581 元，有效带动周边群众就地务工，成为周边 4 个深度贫困村立足产业扶贫脱贫出列的核心工程。

"经考察，前年我们在村上又试种了 500 亩文冠果，作为硒砂瓜产业的后续产业。"张平科说，这种果子的皮可以当中药材，果内的籽籽可以榨油，可用作航天航空用油，每公斤价格在 30 元左右，一旦试种成功，将会在村上大面积种植。

现如今，在喊叫水乡，当地群众世世代代喊水、叫水、盼水之情早已不在。

11.3.2　促进了农村经济发展

"互联网＋城乡供水"的实施为农村畜牧养殖业的发展打造了强劲的"引擎"。彭阳县畜牧养殖达到 230 万羊单位，人均纯收入增加 2000 元以上。"互联网＋城乡供水"助力吴忠市利通区奶产业发展，可靠的水源保障吸引伊利、新希望、雪泉等大型乳制品加工企业纷纷落户，'黄金奶源基地'不断崛起壮大，老百姓借助奶产业的飞速发展增收致富，日子从此有了"甜头"。

"互联网＋城乡供水"助力西吉县牛产业发展

　　阳春三月，万物复苏。沿着柏油路走进西吉县吉强镇夏大路村村民马志清家，水泥院干净整洁。马志清和妻子王阿米拎着水桶来到院前的自来水井旁，打开水龙头接水饮牛。

　　看着清澈的自来水从水龙头哗哗流出，马志清脑海里浮现出早期饮水难的情景。夏大路村曾是西吉有名的缺水村，早期村民经常要深更半夜去山里挑水。"去迟了泉水就没了。山泉水杂质多，每次水挑回来都得沉淀，洗菜洗锅剩下的饮牲口。"马志清回忆，后来村里修建了水坝，却是苦咸水，只能牛羊喝。"这还是正常年份，遇到干旱年吃水就更困难了。"马志清很清楚地记得，有一年大旱，好几个月没有有效降雨，山泉干涸，只能驾驶农用车载着水桶，到十几里外的城里买水吃。

　　2016 年，马志清迎来生活大逆转。当年，西吉县依托宁夏中南部城乡饮水安全工程，成功引入泾河水源，年引水规模 1590 万 m³。至此，夏大路村用上了甘甜的自来水，没水吃、吃不上好水的日子一去不复返。王阿米用自来水洗衣做饭，再也不为吃水发愁了。

　　"以前别说洗澡，做饭的水都成问题。现在家家户户都安上了太阳能热水器，在家就能洗热水澡，我们过着跟城里人一样的生活。"夏大路村党支部书记苏慧林说。

　　"人喝一杯子，牛喝一大桶。原来没水不敢养牛，现在自来水管直接引到牛槽旁，可以放心大胆养牛羊了。"马志清从 4 头牛养起，如今已繁育到 20 头。经历过用水难的日子，马志清和妻子勤俭持家、养牛种地，日子过得红红火火。有了充足的水源保障，夏大路村群众改变传统务农习惯，积极发展高效种植养殖产业。如今，全村肉牛存栏超过 2800 头，羊存栏 1500 只以上，常住户人均超过 1 头牛，家家新建圈棚，扩大养殖规模。

水润百业兴。西吉县肉牛产业成为当地群众增收致富的主导产业。39 岁的硝河乡硝河村致富能手苏新民，他亲身经历并见证了自来水通水后，肉牛养殖从小打小闹到规模化发展的巨变。2013 年，苏新民开始养牛。起初受限于饮水，他养了十五六头牛。"天旱时缺水，就得到别处拉水，等水拉来牛都渴得不行了。"自从村里通了自来水，苏新民养牛再也不用为饮水发愁。2017 年，苏新民筹资扩大养牛规模。"现在牛存栏 160 多头，一天用水二三十吨。"苏新民说，自来水水量充足、水质好，彻底解决了发展产业的后顾之忧。"今年已产牛犊 40 头，按牛市行情，一头牛犊 1 万元左右，上半年收入 50 万元不成问题。"虽然贷款七八十万元，但苏新民却干劲十足。

11.3.3 推动了城乡生态文明建设

随着乡村振兴全面推进，乡村建设水平、农村产业发展和农民生活质量不断改善和提升，农村供水不仅要满足农民生活饮用水需求，也要满足环境卫生、乡村旅游和农村第二、第三产业发展的用水需求，满足农民对美好生活的向往，支撑乡村振兴发展的供水需求，实现农业强、农村美、农民富。宁夏同步加大治水、护水力度，让百姓享受更多水环境改善带来的生态福祉。

在固原市，"五河共治"让昔日群众掩鼻而过的臭水河成了休闲好去处（图 11.8）；在石嘴山市，初冬时节，从未在宁夏出现过的疣鼻天鹅首次到访；在吴忠市，一度不见鸟的黄河鸟岛已还湿 12 万亩，又变成了 187 种鸟类栖息觅食的天堂；在中卫市，沙水相依的独特魅力进一步凸显，游客竞相前来"打卡"。

图 11.8　固原市"五河共治"显成效

第 12 章

总结与展望

新时期，我国乡村振兴工作的加快推进离不开城乡基础设施的保障，而城乡供水作为基础设施建设的重要内容，一直备受党和政府的关心和重视。回顾新中国成立以来城乡供水的发展，从早期的饮水解困、饮水安全到巩固提升，从城乡人口饮水到城乡供水，城乡供水的目标、重点和内容都发生了很大变化。尽管我国长期以来一直存在的饮用水短缺和饮水不安全等问题已得到基本解决，但是城乡供水二元分割、供水服务差距大的问题仍然突出。面对不断变化发展的农村社会经济环境，以及城乡供水基础设施建设服务的投入、标准和长效机制等问题，实施城乡供水一体化发展战略无疑具有重要的现实意义。

2022 年 8 月底，水利部、国家发展改革委、财政部和国家乡村振兴局联合印发了《关于加快推进农村规模化供水工程建设的通知》（以下简称《通知》）。《通知》指出各地要依据城乡发展总体规划和乡村振兴规划，以县域为单元，结合水网工程建设，以实施稳定水源工程为基础，提升水源保障程度。有条件的地区，依托大水源，接入大管网，统一供水设施建设和管理服务标准，推行城乡供水同标准、同质量、同管理、同服务，实现城乡供水统筹发展，并在此基础上加快推进数字孪生供水系统建设，逐步实现预报、预

警、预演、预案功能，提升城乡供水自动化管理与风险防范能力。

《通知》要求创新投融资机制，依法依规利用地方政府专项债券、相关涉农财政资金等渠道，支持城乡供水工程建设。坚持两手发力，发挥市场机制作用，用足用好项目资本金和金融信贷等支持政策，推进利用基础设施投资信托基金（REITs）、政府和社会资本合作（PPP）、特许经营等模式拓宽投融资渠道。深化政银企合作，调动社会资本参与城乡供水工程建设和管理的积极性。

《通知》中提到，预计到 2025 年，全国规模化供水工程覆盖农村人口的比例达到 60％以上。

针对城乡供水工程、城乡节水等问题，按照习近平总书记"节水优先、空间均衡、系统治理、两手发力"新时期治水思路的要求，在"互联网＋"应用的启发和物联网技术的鼓舞下，宁夏将互联网技术应用到供水的实践中，借助"智慧宁夏"水利云、"宽带宁夏"等公共资源，探索了"互联网＋城乡供水"的新模式，解决了城乡供水"最后一百米"的难题，达到了"有效通水、合理配水、安全供水、方便用水"的突出效果，实现城乡供水同源、同网、同质、同价、同服务，形成城乡供水一体化的新格局。

本书围绕宁夏"互联网＋城乡供水"工程规划设计的技术要点、投融资与建设运营模式以及保障与成效三方面，总结了宁夏"互联网＋城乡供水"模式中工程规划设计、投融资管理运行与监管机制体制方面的宝贵经验，以期为全国其他地区提供可推广可应用的解决方案，切实发挥支撑智慧水利建设和保障乡村振兴的关键作用。

12.1 　技术赋能，破解城乡供水"最后一百米"瓶颈制约

（1）一体化增动能，解决"多头管"的弊端。利用"互联网＋"技术，建立"互联网＋城乡供水"信息化管理系统，将城乡供水职责统一划归，实行"技术＋改革＋工程＋运营"的综合配套措施，统筹考虑制约城乡供水的各种要素实施系统治理，实现水务管理的便捷化，提升城乡供水管理的数字化，打破了传统城乡供水"多头管"的弊端。

（2）自动化提效益，解决"缺人管"的难点。宁夏在现有供水基础管网

上，建设从水源地到用水户的全过程自动化监控体系，利用自治区水利云、水慧通平台等已有公共资源，采用云计算、大数据、物联网等先进技术，对供水过程中的流量、水位、压力、水质等数据进行全程采集，实现城乡供水主管网和工程设施 24 小时自动运行、精准管控，管理人员大幅减少，供水保证率显著提升。

（3）数字化强监管，解决"跑冒漏"的痛点。宁夏"互联网＋城乡供水"工程通过建成集调度、运行、监控、维养、缴费、应急于一体的供水管理服务数字化平台，对供用水和生产数据实时自动采集、传递、分析和处理，实现了多级泵站和水池智能联调、水质在线监测、事故精准判断和及时处置，工程事故率和管网漏失率大幅下降。

（4）智慧化优服务，解决"收缴难"问题。普及运用自动化监测设备与入户计量智能水表，提升了供水工程的自动化程度和监测网络覆盖度，建立城乡供水水联网服务体系，改变传统下井抄表、上门收费的水费收缴方式，接入移动端 APP，群众足不出户就可以通过手机缴费购水、查看用水信息、申请停用水，让群众吃上了"明白水、安全水、放心水"，水费收缴率显著提升。

宁夏对标城乡供水公共服务均等化的终极方向，借力现代信息化技术，利用大数据感知供水生产管理和服务需求、难点、痛点，应用自动化控制、测控一体化、远程控制等新技术，构建"互联网＋城乡供水"一体化管理服务体系，释放数字赋能供水行业动力，有效破解了城乡供水"最后一百米"的技术瓶颈。

12.2 产业实施，促进城乡供水"最后一百米"降本增效

（1）政府企业资本三结合，特许经营落地。宁夏结合过去各县（区）城乡供水项目存在的资金不足、管理跟不上、服务满意度低等问题，在新建"互联网＋城乡供水"示范建设中，探索出了政府企业社会资本三结合的ABO 融资模式的新应用，通过中央专项等债券资金、各类涉农财政资金、地方财政资金整合配套与供水制度、水价及补贴等制度创新，构建市场化运营模式，既大幅降低了政府一次投资压力，又最大限度引入了社会资本，还有

效提升了公共服务能力的"多赢"效果。

（2）设计施工采购三统一，革新建设模式。各县（区）人民政府授权当地水务部门与社会资本方共同组建项目公司，负责"互联网＋城乡供水"项目的投资、建设、管理和服务。工程建设严格按照水利工程基本建设程序管理规定，实行项目法人责任制、建设监理制、招标投标制和合同制管理。规范项目资金的使用和管理，加强对资金使用的监督、检查和审计。工程竣工后及时进行验收，按期投入运行。参照彭阳建设模式及建设管理经验，结合各地实际情况，以项目设计施工总承包（EPC）为主要建设模式，切实规范"互联网＋城乡供水"项目建设管理。

（3）提质降本增效三协同，整合运营优势。宁夏"互联网＋城乡供水"工程运用新建项目"建设—经营—转让"（BOT）＋存量项目委托运营（O&M）的项目运作方式，授权专业化公司负责，由市、县水务企业统一负责城乡供水运营管理，实行专业化管理、企业化运营和市场化运作，培育打造一支专业化管护队伍，实现提质、降本、增效三协同的城乡供水一体化管理的运营模式。

（4）定价调价补贴三并举，突出水价支点。宁夏落实政府的管理职责，用足用好国家各项投资体制改革政策，创建相关的成本评估体系为制定价格提供依据，指导各地更加科学、合理制定水价调整方案。各县（区）加快水价测算和定价，出台配套水价政策，推行"基础水价﹢计量水价"、"两部制"水价、"阶梯式"水价和"分类"水价，稳步推行全成本水价，落实水价补贴和维修养护经费，加强水费收缴，保障供水工程良性运行。

12.3　党政有为，创新城乡供水为民服务的体制机制

（1）落实以人为本的发展监管。对标乡村振兴与高质量发展的要求，宁夏坚持以人民为中心的发展思想，从坚决扛牢政府民生保障主体责任、主动回应群众美好生活需求和向往、积极探索城乡供水创新路径等方面，借鉴彭阳"互联网＋城乡供水"试点成功经验，立足"互联网＋"赋能和体制机制创新，完善健全城乡供水服务体系，建设宁夏"互联网＋城乡供水"示范省（区），并逐步支持各类用水产业健康发展，促进城乡供水公共服务均等化，

打造惠及更广大人民的"互联网＋城乡供水"的"宁夏模式"。

（2）压实安全责任的安全监管。按照中央决策部署，宁夏坚持统筹发展和安全，着力强化供水安全保障，加强监管执法、监测治理、工程管护和联防联控，建立健全"互联网＋城乡供水"水源安全、水质安全、供水安全和网信安全，为牢牢守住安全底线、促进城乡供水可持续发展奠定了坚实基础。

（3）贯彻满意为准的服务监管。宁夏"互联网＋城乡供水"建设始终将人民的利益放在首位，以人民群众的满意度作为工程建设、运行、管理实效的标尺，建立健全以满意为准绳的服务机制。聚焦群众获得感、幸福感、安全感与企业经营收益和水价机制，以高品质的供水服务让群众满意，以多元激励举措让企业满意，以水价完善机制让政府—企业—用户多方满意，坚持以问题为导向，以整改为目标，以问责为抓手，从法制、体制、机制入手，建立一整套务实高效管用的监管体系。

12.4 ▶ 共同幸福，释放城乡供水乡村振兴的巨大动能

2018 年中央一号文件《中共中央国务院关于实施乡村振兴战略的意见》指出，"实施乡村振兴战略，是党的十九大作出的重大决策部署，是决胜全面建成小康社会、全面建设社会主义现代化国家的重大历史任务，是新时代'三农'工作的总抓手"。党的二十大报告指出"全面建设社会主义现代化国家，最艰巨最繁重的任务仍然在农村。坚持农业农村优先发展，坚持城乡融合发展，畅通城乡要素流动。统筹乡村基础设施和公共服务布局，建设宜居宜业和美乡村。"水利作为农业农村发展的重要基础设施，是支撑乡村振兴战略实施的根本保障。城乡供水工程是重大民生工程、民心工程、德政工程，保障城乡供水安全是巩固拓展脱贫攻坚成果同乡村振兴有效衔接的重要举措，是满足农村居民日益增长的美好生活需要的内在要求。

面向未来，实施"互联网＋城乡供水"项目不仅要有数字化改革思维，将这项工作全面融入到数字经济体系当中，同时还要有系统化创新观念，从一定工作基础、特定时空条件下的客观事实出发打破常规、突破传统，充分考虑推进城乡供水的"现实性"和"实现性"，从可行性、可操作性、运筹性维度给出最优解，从而实现工程整体性能和效益最优，为乡村振兴提供助力。

对未来"互联网＋城乡供水"的展望主要如下：

（1）全面构建"互联网＋城乡供水"模式。依据"互联网＋城乡供水"的发展模式，加快对现有水厂、管网、入户等基建设施的改造提升，对人、财、物、信息等各要素进行数字化管理改造，通过建立数字化管理平台进行统一管理。注重各相关部门之间的信息共享，通过实时感知和水信互联的水联网架构，在大数据科学与技术助力下，理解农户饮用水的使用过程、消耗过程和缴费过程，分析巩固拓展脱贫攻坚成果状况、发展状况，助力全面乡村振兴。结合智慧水利建设，瞄准龙头水达标，保证水量足、水压稳、水质好，按照"高效、优质、公开"的原则，遵循"方便群众、加强值守、提升质效"的要求，扎实推进网上营业厅、应急中心和数字运维队伍建设，通过线上服务"一屏通办"与线下运维"一网统管"，为城乡群众提供高质量的水利公共服务产品，真正实现"互联网＋"助力乡村振兴。

（2）深入突破智慧水利关键技术。宁夏经验启示我们：智慧水利建设必须严格贯彻"需求牵引、应用至上、数字赋能、提升能力"要求，全面渗透融合并支撑水利业务工作，只有找准真需求，解决真"痛点"，其成效才会得到最大程度的显现。深入突破智慧水利关键技术，组织行政管理部门、企业技术队伍与高校科研人员中的精英力量，群策群力发挥各自优势，提出智慧水利核心技术清单，引导水利科技创新方向。行政管理部门更关注民生、公共事业及社会效益，企业运维队伍更关注市场需求及经济效益，高校科研人员更关注技术前沿及创新效益，三者优势互补，以智慧水利为方向，梳理水利新时期数字治水的核心需求，开展数字治水关键技术联合攻关，积极推动智慧水利核心技术的不断突破，大力整合城乡供水科技资源，通过优化配置开展集群式创新，切实加大关键技术研发成果转移转化和迭代升级，有力推动城乡供水产业政策、人才、资本等关键要素汇聚显效，实现创新链整合、全过程协作、政产学研互动。

（3）持续推动体制机制创新发展。城乡供水一体化发展，既要发挥政府组织协调、宏观规划等职能，也要积极改革创新，发挥政府推动和支持推进市场化运营的作用，按照政府"保基本"、市场"提效率"的原则，持续探索采取政府特许经营的方式引入市场机制，创新城乡供水一体化投资运营新模式，充分发挥政府与市场的协同作用，形成有机统一、互相补充、互相协调、互相促进的城乡供水一体化。深化城乡供水水价机制改革，通过测算城乡供水工程成本，合理控制核定实际水价，建立合理的水价机制，保证城乡居民对水价的满意度，建立合理有力的水费收缴机制，保证城乡供水的良性运转。

（4）长期注入乡村振兴城乡共进动力。乡村发展的根基在于基础设施建设，乡村基础设施建设的核心在于乡村供水。"互联网＋城乡供水"是利用科技创新实现乡村基础设施转型升级，利用市场调配实现资源高效配置，利用制度安排实现公共服务持续发展的典型案例，对于我国新时代乡村基础设施建设具有重要的参考价值。在全面推进社会主义现代化的时代背景下，围绕"互联网＋城乡供水"延伸的科技创新、产业发展能够提升项目价值，促进供水产业高质量发展。通过打造数字治水领先模式，为新时代乡村治理提供样本，打造城乡一体推进、均等服务、全民受益的高质量发展新格局。

"互联网＋城乡供水"在农村自主发展的条件下重建城乡关系，实现供水服务的均等化，为促进生产要素跨地区流动起到示范作用，促进和谐城乡关系发展。同时，水联网充分协同各方优势，实现政府、市场、高校的高效联动，实现了科学技术突破、市场成果转化、管理机制创新，具有切实的推广意义，真正实现人民共同幸福，为乡村振兴释放城乡供水的巨大潜能。

参 考 文 献

［1］ 白耀华．奋力推进"四水同治"加快构建宁夏现代水网体系［J］．中国水利，
2020（24）：90．

［2］ 蔡阳．以数字孪生流域建设为核心　构建具有"四预"功能智慧水利体系［J］．
中国水利，2022（20）：2－6，60．

［3］ 陈宪超．农村供水工程建设监管的重点与建议［J］．中国水利，2022（3）：34－36．

［4］ 戴向前，廖四辉，周晓花，等．水利工程管理体制改革展望［J］．水利发展研
究，2020，20（10）：59－63．

［5］ 邓彩丽．宁夏彭阳县智慧城乡供水模式探讨［J］．江西农业，2020（6）：113－114．

［6］ 冯欣．农业水价综合改革利益相关者研究［D］．北京：中国农业科学院，2021．

［7］ 傅涛，常杪，钟丽锦．中国城市水业改革实践与案例［M］．北京：中国建筑工
业出版社，2006．

［8］ 国家发展改革委．宁夏彭阳："互联网＋"打通农村饮水工程"最后一百米"
［J］．中国经贸导刊，2021（4）：3．

［9］ 胡程哲．城乡融合发展背景下的城乡供水一体化研究［D］．济南：山东大
学，2022．

［10］ 虎俭银，杜玉斌．"互联网＋"模式下的彭阳农村供水管理实践［J］．中国水利，
2015（20）：50－51．

［11］ 胡静宁．宁夏"互联网＋智慧水利"信息化建设与成效［J］．工程建设与设计，
2019（20）：262－263．

［12］ 胡璐，邹欣媛．宁夏："互联网＋城乡供水"助推城乡供水公共服务均等化
［N］．新华每日电讯，2021－06－25（11）．

［13］ 胡孟．关于"跳出供水发展供水"的辩证思考［J］．中国水利，2022（16）：4－6．

［14］ 胡孟．推进农村供水工程标准化建设和管理［J］．中国水利，2022（3）：9－11．

［15］ 火明霞．宁夏农村人饮工程建设参与式管理分析［J］．北京农业，2015（8）：
139－140．

［16］ 贾玲，汪宇，汪林，等．城市供水安全与节水全程监控管理系统研究与应用
［J］．水利发展研究，2021，21（8）：1－6．

［17］ 纪平．心怀"国之大者"书写水利担当［J］．中国水利，2021（8）：1．

［18］ 李国英．深入学习贯彻习近平经济思想　推动新阶段水利高质量发展［J］．水利
发展研究，2022，22（7）：1－3．

[19] 李小健. 为了人民的嘱托——2005 年以来宁夏全国人大代表重点处理建议办理纪实 [J]. 中国人大，2013（3）：44 - 47.

[20] 李香云. 城乡供水一体化发展战略模式探讨 [J]. 水利发展研究，2019，19（12）：9 - 12.

[21] 李雄鹰. 关于彭阳县运用"互联网＋"推动农村供水改革创新的思考 [J]. 宁夏水利，2020（4）：10 - 11.

[22] 刘鼎申. "两网"共治：合力提升城市治理现代化水平 [J]. 党政论坛，2022（5）：41 - 44.

[23] 刘林岐. 浅谈乡村振兴背景下农村供水保障的新思路 [J]. 城镇供水，2021（5）：104 - 108.

[24] 刘昆鹏. 农村供水投融资体制机制探析 [J]. 水利发展研究，2019，19（2）：14 - 17，32.

[25] 刘悦忆，郑航. 宁夏数字治水的创新机制 [J]. 陕西水利，2021，（3）：10 - 12，15.

[26] 陆阳，杜历，孙维红，等. 宁夏现代水利建设项目 PPP 模式的应用研究——以中宁县喊叫水扬水工程 PPP 项目为例 [J]. 水利发展研究，2018，18（6）：45 - 47.

[27] 马俊，戴向前，周飞，等. 数说我国城镇居民生活水价 [J]. 水利发展研究，2022，22（7）：8 - 13.

[28] 马浩成. 宁夏农业水价综合改革的实践与思考研究 [J]. 现代商贸工业，2019，40（18）：93 - 94.

[29] 孟砚岷. 昔日毛驴驮水　今朝"云端"供水 [N]. 中国水利报，2021 - 05 - 14（002）.

[30] 孟砚岷. "云"解水困　福泽旱塬 [N]. 中国水利报，2021 - 11 - 26（001）.

[31] 牛德潭. 彭阳县"互联网＋城乡供水"运行管理制度研究 [J]. 工程技术研究，2022，7（8）：36 - 38.

[32] 宁夏回族自治区水利厅. 宁夏"云端"解水困　旱塬幸福来 [J]. 中国水利，2022（3）：20 - 23.

[33] 宁夏新闻网. 张家塬：看得见的沧海桑田 [N]. 宁夏日报，2022 - 11 - 23（005）.

[34] 彭清辉. 我国基础设施投融资研究 [M]. 长沙：湖南师范大学出版社，2011.

[35] 权少敏. 宁夏南部山区窖水水质现状调查及其健康风险评价 [D]. 银川：宁夏医科大学，2014.

[36] 任卫清. 彭阳县"互联网＋农村供水"管理模式的实践与经验 [J]. 农村实用技术，2021（9）：141 - 142.

[37] 沈苏彬，杨震. 物联网体系结构及其标准化 [J]. 南京邮电大学学报（自然科学版），2015，35（1）：1 - 18.

[38] 孙楠，晏清洪，徐景东. 宁夏水利工程质量监督管理现状及发展对策 [J]. 内蒙古水利，2018（7）：76 - 78.

[39] 魏光娇. 政府在推动智慧水利建设中的作用研究 [D]. 济南：山东大学，2021.

［40］ 魏文密. 彭阳县"移动互联网＋农村人饮"管理模式探索与实践［J］. 中国水利，2019（15）：52－54.

［41］ 王冠军，戴向前，周飞. 促进居民节水的水价水平及其测算研究——以北京城市供水为例［J］. 价格理论与实践，2021（9）：59－62，141.

［42］ 王生鑫，赵宇翔，张海涛，等. 宁夏水资源开发利用分区管控策略研究［J］. 中国水利，2022（15）：45－48.

［43］ 王雪莹，陈国光，刘昆鹏. 乡村振兴视角下农村供水工作浅析［J］. 水利发展研究，2022，22（4）：10－14.

［44］ 王跃国，赵翠，高奇奇. "十四五"时期的农村供水数字化战略分析与应用［J］. 中国水利，2021（5）：50－51.

［45］ 王跃国，赵翠，宋家骏. 新发展阶段全面实施农村供水保障工程的战略意义和路径［J］. 水利发展研究，2021（4）：32－35.

［46］ 王忠静，王光谦，王建华，王浩. 基于水联网及智慧水利提高水资源效能［J］. 水利水电技术，2013，44（1）：1－6.

［47］ 习近平. 坚持人民至上［J］. 求知，2022（11）：4－5.

［48］ 新华网. 国家投1.5亿建"生命工程"宁夏40万农民告别水困［EB/OL］. ［2002－06－15］.

［49］ 新华网. 宁夏"人畜饮水一期工程"解决35.7万农民饮水难［EB/OL］. ［2003－01－03］.

［50］ 项英辉. 中国农村基础设施投融资问题研究［M］. 沈阳：东北大学出版社，2013.

［51］ 闫冠宇，徐佳. 我国农村供水发展阶段特征及内在规律［J］. 中国农村水利水电，2013（03）：1－4.

［52］ 杨国，任嘉. 城乡水务一体化——宁夏水务投资集团的实践与思考［J］. 水利发展研究，2020，20（5）：35－38，42.

［53］ 杨玲. "互联网＋"在彭阳县农村饮水工程管理中的应用［J］. 水利建设与管理，2017（4）：53－57，61.

［54］ 杨俊杰，王力尚，余时立. EPC工程总承包项目管理模板及操作实例［M］. 北京：中国建筑工业出版社，2014.

［55］ 杨雪兰. 宁夏"互联网＋农村供水"建管服模式和关键技术应用研究与实践［J］. 节能与环保，2021（11）：57－58.

［56］ 于琪洋. 强化节水优先严格取用水监管　促进地下水可持续利用［J］. 中国水利，2022（6）：9－10，14.

［57］ 自治区水利厅：保饮水夺丰收　坚决打赢抗旱保灌主动仗［N］. 宁夏日报，2021－09－09（005）.

［58］ 周林军，曹远征，张智. 中国公用事业改革——从理论到实践［M］. 北京：知识产权出版社，2009.

［59］ 赵磊. 互联网＋城乡供水，一滴水的云治理［N］. 宁夏日报，2022－09－10

（001）.

［60］　张朝元. 传统和新型基础设施投融资创新实务［M］. 北京：中国金融出版社，2020.

［61］　张文科. 基于"互联网＋"的城乡供水一体化建管服模式改革探讨——以彭阳县智慧人饮工程为例［J］. 水利水电快报，2020，41（10）：80－83.

［62］　张莹. 宁夏南部山区生态建设高质量发展模式初探［J］. 宁夏农林科技，2021，62（3）：50－52.

［63］　张志科，孙维红. 基于"互联网＋农村人饮"的信息化模式应用研究［J］. 水利水电快报，2021，42（9）：91－96.

［64］　祝华威. 宁夏城市集中饮用水源地保护问题研究［J］. 河南水利与南水北调，2022，51（5）：14－15.

［65］　朱云. 运用"互联网＋"手段构建宁夏城乡供水一体化新格局［J］. 中国水利，2022（3）：56－57.

［66］　宗继飞. 创新"互联网＋人饮"管理模式　推进智慧水利建设——以彭阳县"互联网＋"农村供水模式为例［J］. 乡村科技，2021，12（7）：125－126.

附　　录

附录 1 宁夏"互联网＋城乡供水"相关文件

类属	序号	名　　称	文　号
项目顶层设计	1	水利部关于开展智慧水利先行先试工作的通知	水信息〔2020〕46 号
	2	水利部关于同意宁夏建设"互联网＋城乡供水"示范省（区）的函	水农函〔2020〕70 号
	3	自治区人民政府关于印发宁夏"互联网＋城乡供水"示范省（区）建设实施方案（2021 年—2025 年）的通知	宁政发〔2020〕35 号
	4	自治区人民政府办公厅关于印发宁夏水安全保障"十四五"规划的通知	宁政办发〔2021〕82 号
	5	自治区人民政府办公厅关于印发自治区数字经济发展"十四五"规划的通知	宁政办发〔2021〕69 号
	6	自治区人民政府办公厅关于印发自治区信息化建设"十四五"规划的通知	宁政办发〔2021〕101 号
	7	自治区水利厅关于宁夏"十四五"城乡供水规划（2021 年—2025 年）的批复	宁水计发〔2020〕26 号
国家及相关部委政策	8	国务院关于加强城市基础设施建设的意见	国发〔2013〕36 号
	9	国务院关于创新重点领域投融资机制鼓励社会投资的指导意见	国发〔2014〕60 号
	10	国务院办公厅转发财政部　发展改革委　人民银行关于在公共服务领域推广政府和社会资本合作模式指导意见的通知	国办发〔2015〕42 号

类属	序号	名　　称	文　　号
国家及相关部委政策	11	财政部关于推进政府和社会资本合作规范发展的实施意见	财金〔2019〕10号
	12	基础设施和公用事业特许经营管理办法（国家发展改革委、财政部、住房和城乡建设部、交通运输部、水利部、中国人民银行）	国家发展改革委第25号令
	13	财政部关于印发政府和社会资本合作项目财政承受能力论证指引的通知	财金〔2015〕21号
	14	财政部关于印发PPP物有所值评价指引（试行）的通知	财金〔2015〕167号
	15	财政部关于印发政府和社会资本合作项目财政管理暂行办法的通知	财金〔2016〕92号
	16	住房城乡建设部关于进一步推进工程总承包发展的若干意见	建市〔2016〕93号
	17	国家发展改革委　财政部　水利部关于鼓励和引导社会资本参与重大水利工程建设运营的实施意见	发改农经〔2015〕488号
	18	国家发展改革委　水利部关于印发政府和社会资本合作建设重大水利工程操作指南（试行）的通知	发改农经〔2017〕2119号
	19	水利部关于支持宁夏建设黄河流域生态保护和高质量发展先行区的意见	水规计〔2020〕215号
	20	水利部关于建立农村饮水安全管理责任体系的通知	水农〔2019〕2号
	21	水利部关于推进农村供水工程规范化建设的指导意见	水农〔2019〕150号
	22	水利部关于印发农村供水工程监督检查管理办法（试行）的通知	水农〔2019〕243号

续表

类属	序号	名　　称	文　　号
国家及相关部委政策	23	水利部办公厅　财政部办公厅关于做好农村苦咸水改水工作的通知	办农水〔2020〕139 号
	24	水利部　发展改革委等九部门关于做好农村供水保障工作的指导意见	水农〔2021〕244 号
	25	水利部办公厅　国家发展改革委办公厅　财政部办公厅等四部门关于加快推进农村规模化供水工程建设的通知	办农水〔2022〕247 号
	26	水利部办公厅　国家开发银行办公室关于推进农村供水保障工程项目融资建设的通知	办财农〔2021〕351 号
	27	水利部　国家开发银行关于加大开发性金融支持力度提升水安全保障能力的指导意见	水财务〔2022〕228 号
	28	水利部　中国农业发展银行关于政策性金融支持水利基础设施建设的指导意见	水财务〔2022〕248 号
	29	水利部　中国农业银行关于金融支持水利基础设施建设的指导意见	水财务〔2022〕313 号
自治区有关扶持政策	30	自治区党委　人民政府关于建立健全城乡融合发展体制机制和政策体系的实施意见	宁党发〔2020〕7 号
	31	自治区人民政府办公厅关于进一步推进政府和社会资本合作模式（PPP）的实施意见	宁政办发〔2017〕96 号
	32	自治区人民政府办公厅印发关于加快规范推进政府和社会资本合作模式促进经济高质量发展的若干措施的通知	宁政办规发〔2020〕17 号
	33	自治区人民政府办公厅关于印发自治区政府投资基金管理办法的通知	宁政办发〔2021〕39 号
	34	自治区人民政府办公厅关于印发自治区支持建设黄河流域生态保护和高质量发展先行区的财政政策（试行）的通知	宁政办规发〔2021〕6 号

续表

类属	序号	名　　称	文　号
自治区有关 扶持政策	35	自治区党委办公厅　人民政府办公厅关于建立自治区省级领导同志包抓"四大提升行动""十大工程项目"工作机制的通知	宁党办〔2021〕37号
	36	自治区财政厅　发展改革委　水利厅等十一部门关于继续支持脱贫县统筹整合使用财政涉农资金的通知	宁财农发〔2021〕247号
	37	关于印发自治区城乡供水一体化工程工作推进机制成员单位及职责分工的通知	—
	38	自治区电子信息产业高质量发展工作专班印发关于促进宁夏数字治水产业发展的意见的通知	宁电子专班发〔2021〕4号
	39	自治区发展改革委关于宁夏"互联网＋城乡供水"管理服务平台建设项目初步设计的批复	宁发改高技审发〔2021〕68号
水利厅有关 管理及项目 落实举措	40	自治区水利厅关于规范推广"互联网＋农村供水"模式的通知	宁水节供发〔2019〕6号
	41	自治区水利厅关于在固原市四县一区开展智慧水利先行先试工作的通知	宁水科信发〔2020〕11号
	42	自治区水利厅　扶贫办关于印发《宁夏贫困地区农村饮水安全评价标准》的通知	宁水农发〔2018〕18号
	43	自治区水利厅　发展改革委　财政厅等九部门关于做好农村供水保障工作的实施意见	宁水节供发〔2021〕20号
	44	自治区水利厅关于印发《宁夏"十四五"城乡供水项目可行性研究报告编制指导意见》的通知	—
	45	自治区水利厅关于印发宁夏"互联网＋农村供水"工程建设方案编制大纲等规程的通知	宁水节供发〔2020〕9号
	46	自治区水利厅印发关于"互联网＋城乡供水"项目建设资金筹措的指导意见的通知	宁水节供发〔2021〕5号

类属	序号	名　　称	文　　号
水利厅有关管理及项目落实举措	47	关于印发自治区水利厅关于加强"互联网＋城乡供水"项目建设管理的指导意见的通知	宁水节供发〔2021〕16号
	48	自治区水利厅印发关于规范"互联网＋城乡供水"项目水价形成机制及动态调整工作的指导意见的通知	宁水节供发〔2021〕19号
	49	自治区水利厅关于印发宁夏"互联网＋城乡供水"数据规范的通知	宁水科信发〔2021〕11号
	50	自治区水利厅关于围绕建设黄河流域生态保护和高质量发展先行区财政政策加快落实水利项目建设资金的通知	—
	51	自治区水利厅关于用好政府一般债务资金加快推进水利项目建设的通知	—
	52	自治区水利厅　国家开发银行宁夏分行关于推进全区城乡供水保障工程项目融资建设的通知	宁水节供发〔2022〕1号
	53	自治区水利厅　中国农业银行宁夏分行关于印发关于商业性金融支持水利基础设施建设的实施意见的通知	宁水财发〔2022〕13号
	54	自治区水利厅　中国农业发展银行宁夏分行关于印发关于政策性金融支持水利基础设施建设的实施意见的通知	宁水财发〔2022〕14号
	55	自治区水利厅　国家开发银行宁夏分行关于印发关于加大开发性金融支持力度提升全区水安全保障能力的实施意见的通知	宁水财发〔2022〕15号
	56	自治区水利厅关于做好"互联网＋城乡供水"数据安全管理工作的通知	宁水科信发〔2022〕4号
	57	自治区水利厅关于做好宁夏"互联网＋城乡供水"管理服务平台数据对接及使用管理工作的通知	宁水节供发〔2022〕19号

宁夏"互联网＋城乡供水"大事记

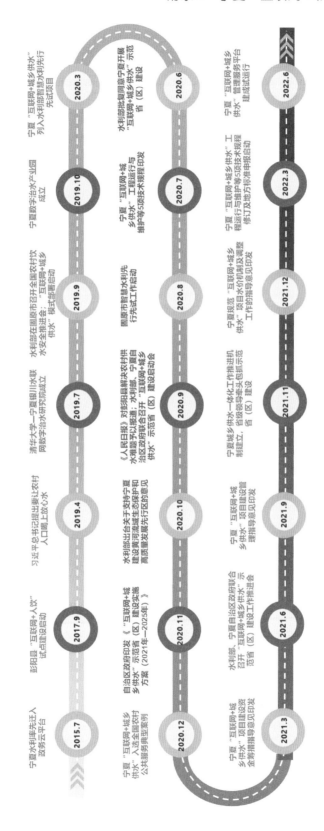

2015.7
宁夏水利率先迁入政务云平台

2017.9
彭阳县"互联网＋人饮"试点建设启动

2019.4
习近平总书记提出要让农村人口喝上放心水

2019.7
清华大学—宁夏银川水联网数字治水研究院成立

2019.9
水利部在固原市召开全国农村饮水安全推进会;"互联网＋城乡供水"模式部署启动

2019.10
宁夏数字治水产业园成立

2020.3
宁夏"互联网＋城乡供水"列入水利部智慧水利先行先试项目

2020.6
水利部批复同意宁夏开展"互联网＋城乡供水"示范省(区)建设

2020.7
宁夏"互联网＋城乡供水"工程运行与维护等5项技术规程印发

2020.8
固原市智慧水利先行先试工作启动

2020.9
《人民日报》对彭阳县解决农村供水难题予以报道;水利部、宁夏自治区政府联合召开"互联网＋城乡供水"示范省(区)建设启动会

2020.10
水利部出台关于支持宁夏建设黄河流域生态保护和高质量发展先行区的意见

2020.11
自治区政府印发《"互联网＋城乡供水"建设实施方案(2021年—2025年)》

2020.12
宁夏"互联网＋城乡供水"入选全国农村公共服务典型案例

2021.3
宁夏"互联网＋城乡供水"项目建设投资金筹措指导意见印发

2021.6
水利部、宁夏自治区政府联合召开"互联网＋城乡供水"示范省(区)建设工作推进会

2021.9
宁夏"互联网＋城乡供水"项目建设管理指导意见印发

2021.11
宁夏城乡供水一体化工作推进机制建立,省级领导带头包抓示范省(区)建设

2021.12
宁夏规范"互联网＋城乡供水"项目水价制订及调整工作的指导意见印发

2022.3
宁夏"互联网＋城乡供水"工程运行与维护等5项技术规程修订及地方标准审批启动

2022.6
宁夏"互联网＋城乡供水"管理服务平台建成试运行

附录 3 ▶ 宁夏"互联网＋城乡供水"工程总体布局示意图

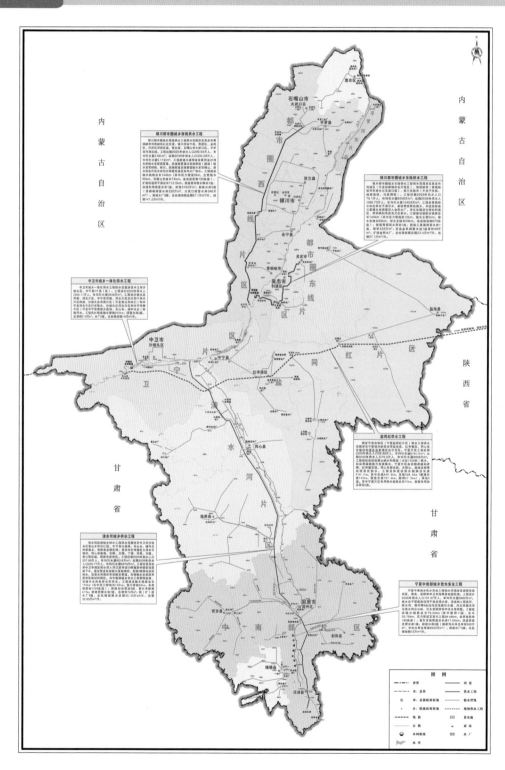

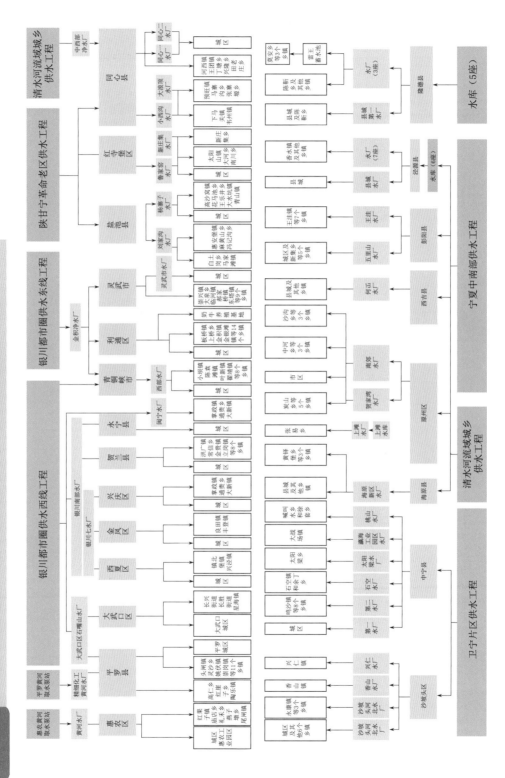